TÉCNICAS DIAGNÓSTICAS

Y

TERAPEÚTICAS

EN

PATOLOGÍA DIGESTIVA

Título original: Técnicas diagnosticas y terapeúticas en patología Digestiva.

1ª edición: mayo 2007

© 2007 Fernando Manuel Jiménez Macías
© Ediciones Lulu.com

Printed in Spain

ISBN: 978-1-4303-2345-7

TÉCNICAS DIAGNÓSTICAS

Y

TERAPEÚTICAS

EN

PATOLOGÍA DIGESTIVA

Dr. Fernando Manuel Jiménez Macías

Médico adjunto de Aparato Digestivo
Hospital Juan Ramón Jiménez
Huelva (España)

AGRADECIMIENTOS:

A todos aquellos que me apoyaron y me animaron a llegar a ser lo que soy.

A mi mujer, que me dio el hijo tan bonito que tengo y llenarme de ilusión cada día.

A mis queridos padres, a los que estaré eternamente agradecido y les debo todo lo que hoy en día soy.

ÍNDICE DE CONTENIDOS

PRÓLOGO

Muchos son los libros que se han escrito sobre digestivo: desde libros de casos clínicos, guías de práctica clínica, manuales sobre técnicas endoscópicas, tratados de Gastroenterología y Hepatología. Sin embargo, no recuerdo ningún manual que leyendo te aproxime tanto como si la vivieras en primera persona, a lo que es la práctica clínica de un médico especialista en Aparato Digestivo.

Nadie creo que haya contado con expresiones habituales y entendibles en un libro como éste lo que es un día a día en una planta de hospitalización de digestivo en un hospital público, desde la perspectiva de la docencia y respetando en todo momento la confidencialidad. Creo que este libro el tiempo lo pondrá en su sitio y no me extrañaría que sea uno de los preferidos dentro de unos años por los residentes de primer año de esta querida especialidad para leerlo antes de empezar su periodo de formación.

Es la primera vez que escribo la forma de sentir la medicina desde un enfoque didáctico y con lenguaje accesible casi a cualquier persona abierta al conocimiento. Por supuesto, todas las enseñanzas que intento transmitir en él las adquirí durante mi residencia en el Hospital Virgen del

Rocío de Sevilla, hospital con una gran escuela e historia, así como la experiencia asistencial que he adquirido como médico adjunto de Aparato Digestivo en el hospital Juan Ramón Jiménez de Huelva, que es donde actualmente desempeño mi trabajo. Por ello, agradezco a todos estos maestros y por supuesto a mi familia, mujer y mis padres por la entrega incondicional que siempre me han mostrado

Mayo del 2007   Fernando Manuel Jiménez Macías

AUTOR DEL LIBRO

Dr. Fernando M. Jiménez Macías es actualmente médico adjunto de Aparato Digestivo en el Hospital Juan Ramón Jiménez de Huelva (España), donde realiza su labor asistencial desde Octubre del 2003.

Hizo la especialidad como médico interno residente de Aparato Digestivo en el Hospital Universitario Virgen del Rocío.

Finalizó la Licenciatura en Medicina y Cirugía en el año 1997 por la Universidad de Sevilla.

Es Master Universitario en ensayos clínicos por la Universidad de Sevilla en el 2007, Experto Universitario en Probabilidad estadística en Medicina.

Es Gestor de Calidad de los servicios sanitarios por la European Organization for Quality y actualmente pertenece a la primera generación de auditores de calidad del Servicio Andaluz de Salud.

Posee el Diploma de Estudio Avanzados por la Universidad de Sevilla y autor de numerosas comunicaciones y publicaciones científicas y ha participado como co-investigador en 2 ensayos clínicos multicéntricos de hepatitis C.

Autor del libro "Proyecto Onuba 2006: Actualización y puesta al día en Patología Digestiva", que se publicará a finales del 2007.

CAPÍTULO 1:

INTRODUCCIÓN: ¿QUÉ DEBE SABER UN MÉDICO RESIDENTE DE APARATO DIGESTIVO CUANDO LLEGA A UN HOSPITAL?

Dr. Fernando M. Jiménez Macías

La especialidad de Aparato Digestivo en los últimos 30 años ha evolucionado enormemente, permitiendo que dos ramas de ellas, hoy en día ya claramente diferenciadas como son la Gastroenterología, por un lado y por otro la Hepatología hagan que los especialistas españoles no puedan abarcarla en su totalidad y se hayan "superespecializado" en una u otra. Esta evolución ha sido impulsada indudablemente por los cambios producidos en las técnicas endoscópicas, en la cuales el especialista en formación o también llamado residente deberá haber adquirido los conocimientos técnicos y teóricos imprescindibles para el dominio de las mismas cuando éste finalice su periodo de formación hospitalaria.

¿Pero qué técnicas endoscópicas son las responsables del cambio evolutivo que ha sufrido la especialidad de Aparato Digestivo? Indudablemente, entre ellas incluiríamos la endoscopia digestiva alta, la colonoscopia, la colangiografía retrógrada endoscópica (CPRE), la colocación de gastrostomías de nutrición percutánea endoscópica, la colocación de prótesis, así como la ecoendoscopia diagnostica y terapéutica. No debemos tampoco olvidar en este avance la aportación de la ecografía abdominal, como técnica sencilla, barata y accesible para la mayoría de los digestivos. Los trastornos funcionales, los dolores torácicos atípicos y toda la patología relacionada con el reflujo esófago-gástrico (RGE) han podido ser estudiadas mucho mejor que hace años, gracias a la aparición de la manometria y pH-metria esofágica.

Efectivamente, son técnicas diagnosticas y terapeúticas empleadas por los gastroenterólogos españoles y que han permitido estudiar a los pacientes de una manera más eficaz y completa, aunque con un mayor coste y con una dependencia mayor de la tecnología, de la que tenían los pioneros de esta especialidad cuando comenzó a constituirse.

No todos los centros hospitalarios españoles disponen de todas las técnicas diagnosticas y terapeúticas anteriormente reseñadas. Va a depender del tipo de hospital que se trate, pues como sabemos existen hospitales de tercer nivel (los más grandes), los provinciales y los más pequeños (los comarcales). También hay que comprender que la plantilla de digestivos de que disponen en cada uno de ellos, varía dependiendo de que se trate de uno u otro. La mayoría de los hospitales de tercer nivel, tales como el Hospital Universitario Virgen del Rocío o Macarena de Sevilla, o el 12 de Octubre de Madrid o el Hospital Clínico de Barcelona, todos ellos disponen de la mayoría de estas técnicas y con plantillas que pueden superar los 15 facultativos. Sin embargo, en los hospitales comarcales, la mayoría de las unidades de Digestivo se encuentran integradas en los Servicio de Medicina Interna, contando en ocasiones con 1-2 especialista en Digestivo y con las técnicas más básicas y necesarias: (exclusivamente endoscopia alta y baja, ecografía en ocasiones y biopsia hepática y poco más).

En este libro vamos a realizar un recorrido por algunas de estas técnicas digestivas desde un punto de vista práctico, como si el lector que está ahí, fuese el médico residente que tengo que enseñar y adiestrar en la práctica clínica diaria. Pretenderé con esta obra, transmitirte mi experiencia clínica de la forma más clara, con tal vez un enfoque multidisciplinar, ya que en mi trayectoria profesional trabajé tanto en atención primaria como médico de urgencias, antes de ejercer como gastroenterólogo.

El objetivo principal de este libro va encaminado a que aquella persona, que por curiosidad o bien porque se esté planteándose elegir esta especialidad, pues tenga una idea aproximada de lo que es la especialidad, cómo está estructurada y entrar en detalle en aquellas materias o áreas relevantes (funcionamiento de las plantas de hospitalización de Digestivo, conocimiento básico sobre endoscopia digestiva urgente, diagnostica y terapéutica, etc.).

Efectivamente, todo residente del tipo de especialidad que sea, es fundamental que conozca la estructura organizativa de su hospital, las especialidades con las que puede contar, las consultas monográficas que existen, pues de ello va a depender la rentabilidad diagnostica y terapéutica de sus decisiones, así como el potencial beneficio que va a obtener para sus pacientes. Es una tarea, que cuando llega el residente a un hospital, resulta bastante ardua para él, y por lo general, necesita tiempo para alcanzar un pleno conocimiento de ella.

En lo referente al manejo en la planta de hospitalización de Digestivo, hoy en día existen claras políticas de actuación basadas en la gestión de calidad y en un manejo de los recursos disponibles de acuerdo a la eficiencia. Es decir, no debemos ingresar a pacientes si no tienen criterios para ingresarlos, cuando en realidad pueden ser manejados en una consulta rápida de Digestivo que dispongamos en un hospital y donde lo van a ver más precozmente que en las regladas.

No debemos pedir un prueba cara como es una colangio-resonancia magnética nuclear de abdomen para valorar si un paciente presenta dilatación de vías biliares, en lugar de someterlo antes a una ecografía de abdomen, que es mucho más barata, y además tiene una gran sensibilidad y especificidad diagnostica para este tipo de patología a estudiar. De hecho, está claramente aceptado en la práctica clínica diaria, el empleo de los hospitales de día. Estas son unidades clínicas que funcionan de forma independiente, evitando ingresos innecesarios de los pacientes. Además, supondrán un ahorro de los recursos, evitarán molestias innecesarias para pacientes y familiares al permitir la aplicación de tratamientos parenterales sin necesidad de ingresar. De hecho, si no dispusiéramos de ellos, nos veríamos obligados a tener que ingresar al paciente, produciendo un coste innecesario y bloqueando los hospitales, que dispondrían en ese caso, de un número claramente inferior de camas para el servicio de urgencias que diariamente las demanda. Entre los tratamientos aplicados, destacan los quimioterápicos como tratamiento anticanceroso, administración parenteral de anticuerpos monoclonales para la enfermedad inflamatoria intestinal (Infliximab), hierro intravenoso en pacientes con anemia crónica.

La otra área, que debe dominar el especialista en formación de Digestivo es la terapéutica endoscópica de urgencias. Existen dos tipos de guardias: las de endoscopista localizado y las guardias de presencia física de la especialidad. En hospitales más pequeños, la especialidad de Aparato Digestivo habitualmente es una sección del Servicio de Medicina Interna.

Las guardias de endoscopista localizado son aquellas, en las cuales el médico tiene un "busca" o móvil, por la cual puede ser avisado de que tiene una urgencia digestiva que atender. Estas guardias se diferencian de las de presencia física, que la hora se paga más barata, según los acuerdos con los Servicios de Salud de esa comunidad autónoma, y por lo general, disfruta el que la realiza, de una mayor calidad de vida, ya que una vez realizado el acto endoscópico en cuestión puede salir del hospital y volver a su casa. Por el contrario, la de presencia física, aunque generalmente es pagada la hora el doble aproximadamente de lo que pagan en la localizada, el especialista en Digestivo va a tener que atender habitualmente todos los ingresos que tenga el servicio de Digestivo de ese hospital, y generalmente realizará la totalidad o mayoría de endoscopias urgentes que surjan en la guardia. Generalmente, los hospitales que tienen guardias de la especialidad de presencia física suelen disponer de una Unidad de Sangrantes, departamento donde se ingresan pacientes con hemorragias digestivas severas o que hayan precisado de terapéutica endoscópica (inestabilidad hemodinámica y/o anemización severa). Requieren una monitorización y atención intensiva por el personal de enfermería. Dos ejemplos de hospitales con este modelo son el Hospital Universitario Virgen del Rocío de Sevilla y el Reina Sofía de Córdoba.

Las guardias que el residente de digestivo realice en el servicio de urgencias son vitales también para ser un especialista de digestivo cualificado. Necesitará conocer cómo se encuentra estructurado este servicio, que por lo general lo componen la "Puerta de Urgencias", el "Departamento de Observación" y otra sala adyacente a ésta, denominada "Sala de Tratamientos Cortos o de Cuidados Mínimos". Las patologías digestivas que el residente de Aparato Digestivo debe manejar a la perfección cuando realiza guardias en el servicio de Urgencias y que están relacionadas con su especialidad varían desde las pancreatitis agudas, la hemorragia digestiva alta o baja, la impactación alimenticia, el abdomen agudo, gastroenteritis infecciosa, descompensaciones de los cirróticos, etc.

REFERENCIAS BIBLIOGRÁFICAS

Stevens T. Advanced endoscopy fellowships: weighing the pros and cons. Gastrointest Endosc. 2006; 64:784-5.

CAPÍTULO 2:

MANEJO DIAGNOSTICO Y TERAPEÚTICO EN UNA PLANTA DE HOSPITALIZACIÓN DE DIGESTIVO

Dr. Fernando M. Jiménez Macías

Si bien la Unidad de Endoscopia digestiva es como el "corazón" del departamento de Digestivo de un hospital, no menos importancia tiene la planta de hospitalización, departamento en los cuales tenemos ingresados nuestros pacientes para estudio diagnóstico y, donde recibirán los tratamientos pertinentes.

Cuando el residente de Aparato Digestivo realiza habitualmente las primeras rotaciones, es decir, inicia un periodo de formación en una determinada área del hospital, como es la planta de la especialidad, lo primero que debe conocer es a cada uno de los componentes del staff de ese servicio o unidad y en qué áreas están especializados. Es conveniente iniciarse mostrando actitudes de humildad, honestidad y respeto hacia los compañeros y pacientes. Deberás mostrarte como una "esponja", especialmente en los primeros años de tu especialidad, ya que debes aprender lo máximo posible durante ese periodo, que una vez que pase ya no volverá, aprendiendo todo aquello que en un futuro tendrás que hacer tú solo con la responsabilidad única que la tuya.

El primer año será duro, pues habitualmente el stress que sufre el residente de primer año como consecuencia de la realización de las guardias de Puerta de urgencias marcará su trayectoria profesional durante el resto de su vida. Debéis tener en cuenta que la medicina se basa en un trabajo en equipo, y aunque somos consciente que esta profesión está llena de competitividad, debemos adoptar una actitud abierta, que nos permita trabajar con distintos compañeros residentes en grupo, siguiendo la supervisión y líneas de actuación que sean establecidas por el responsable clínico de la unidad y el tutor de residentes, especialmente cuando se realizan ponencias, cursos, comunicaciones a congresos, publicaciones del servicio en revistas científicas, etc.

A continuación, pasaré a comentaros el día a día de lo que debe hacer un buen digestivo y las claves del éxito que debéis tener en cuenta para el manejo de una planta de hospitalización de Digestivo. Cuando se inicia una jornada, sabemos que tenemos un número definidos de enfermos en nuestras camas, cada uno con una patología definida, pruebas complementarias diagnosticas pendientes de realizar o de informe, y sometidos a pautas terapeúticas ajustadas a la patología o descompensación de su enfermedad de base. No debemos olvidarnos que unos llevarán más tiempo ingresados que otros, lo que generará un estado de ansiedad e incertidumbre distinto en los pacientes y sus familiares. También es fundamental establecer una inmejorables relaciones profesionales con el personal de enfermería y auxiliar de la planta, pues ellos son una herramienta básica en la cual debemos apoyarnos siempre que realicemos un acto clínico; serán nuestros referentes, pues nos pondrán al día de posible incidencias clínicas que nuestros pacientes hayan sufrido en la última jornada, por si hay que realizar ajustes en los tratamientos o modificar actitudes diagnosticas.

Es más, algunas veces aparecen desavenencias incluso con nuestro personal de enfermería, relación que a mi juicio es fundamental mantener indemne siempre, y que a veces se producen accidentalmente por malos entendidos o una falta de comunicación entre médico y enfermero o auxiliar. Esto si ocurriera durante tu residencia es fundamental hablarlo en privado con ellos para buscar posibles soluciones.

También os recomiendo que dediquéis algunos minutos para explicarles como va el enfoque diagnostico o terapéutico de vuestro paciente. Ellos os lo agradecerán y se sentirán más valorados e identificados con tu labor asistencial. Otras veces son los propios familiares los causantes de estos desajustes. Es por esto, por lo que yo en mi experiencia prefiero que los familiares de mis pacientes aguarden fuera de la habitación, mientras valoro al enfermo. De hecho, en algunas ocasiones, la información que le podáis dar a la familia pueden ser malinterpretada o enfocado de forma distinta por los familiares, y sean los propios familiares los que te enfrenten a tu propio personal de enfermería, lo que si no se soluciona a tiempo puede generar en tu labor asistencial graves consecuencias en la relación médico-enfermería.

Considero fundamental que el paciente sea informado acerca de su enfermedad, información que antes de darla es preferible que sea previamente consensuada con sus familiares. Nos pueden sugir varias situaciones en la práctica clínica diaria: imaginad que tenemos una mujer mayor ingresada y diagnosticada de un cáncer de páncreas terminal, sin opciones curativas, solamente paliativas. En este caso, en muchas ocasiones la familia te va a pedir que no le digas a la paciente su verdadero diagnostico, sino otro alternativo que sea de mayor aceptación por parte del paciente y más teniendo en cuenta que el decírselo no va a conllevar ningún beneficio terapéutico. En otras ocasiones es el propio paciente el que te exige que le digas su diagnostico y se lo tienes que decir. Habitualmente esta situación surge con personas jóvenes, las cuales tienen lógicamente su derecho a saber qué es lo que realmente tiene, para así tomar sus propias decisiones. De no hacerlo, no estaremos saltando el respeto al paciente, su derecho a saber y además le estaremos privando de poder decidir por sí mismo, de acuerdo al código deontológico que todos conocemos. Aún en este caso, no estaría mal que siempre os asesoréis de cómo esa persona puede reaccionar en este tipo de situaciones, así como de su situación familiar y personal, hablando si es posible previamente con su familia.

Pero además de estos pacientes, que como ya hemos comentado estaban ya ingresados, tenemos que tener en cuenta que habitualmente todos los días suelen ingresar enfermos nuevos en la planta de digestivo. Son los llamados "ingresos del día", que hasta que no lleguemos a valorarlos no sabemos su diagnostico de sospecha, y a los que habrá que hacerle una historia clínica, conocer a sus familiares si es que los tiene, solicitarles las pruebas diagnosticas correspondientes y establecer la pauta terapéutica indicada según su patología de sospecha. Os recomiendo que éstos sean los primeros pacientes que valoréis cada día, puesto que normalmente son ingresados por el servicio de urgencias el día anterior al que lo vais a ver y no sabemos si en las horas trascurridas desde que ingresó, se han producido cambios clínicos que supongan en el momento actual un riesgo vital, que no existía cuando ingresó.

Es conveniente valorarlos a primera hora, ya que si alguno de ellos están en ayunas se pueden beneficiar de una ecografía abdominal, prueba de screening muy fácil de realizar y que a groso modo da mucha información de entrada al clínico. En otros casos, si estamos en un hospital con guardias de endoscopia localizada, donde sólo se realizan durante la guardia aquellas endoscopias de urgencias con unas indicaciones muy concretas, que si no las cumplen van a ser ingresados para realizarse al día siguiente, por ejemplo; concretamente estos pacientes ingresados sin endoscopia oral, por haber presentado, por ejemplo, una hemorragia digestiva alta sin criterios de gravedad, al estar en ayunas desde el día que ingresó pueden beneficiarse de un diagnostico y tratamiento precoz el día que el digestivo va a historiar al enfermo. De esta manera podremos en muchos casos proceder al alta y reducir así la estancia media. Este es un indicador que utilizan los directores de hospitales para comparar como estamos realizando la gestión de altas de nuestra planta y compararla con la que tienen otros hospitales del mismo nivel similar al nuestro.

En principio esta es la actitud que os recomiendo que adoptéis cuando vayáis a empezar la jornada, aunque es verdad que en ocasiones, tendréis que romper esta dinámica, pues quizás algún enfermo de vuestra planta o ectópico (fuera de ésta), sufra alguna incidencia clínica de última hora que os obligue a valorarlo urgentemente antes que cualquier otro enfermo, lo que os romperá la dinámica habitual que teníais previsto. Los avisos urgentes habitualmente suelen realizarlos telefónicamente o bien mediante el empleo de hojas de consultas urgentes o muy preferentes y que tendréis que atender sin demora.

Las hojas de consultas son como su mismo nombre indica consultas que hacemos o nos hacen otros compañeros de otra especialidad sobre aspectos digestivos, con el deseo de que los asesoremos en determinados aspectos de nuestra especialidad. Os recomiendo que las veáis lo antes posible, como un enfermo más, pero sabiendo que el paciente se encuentra ingresado por otra causa no digestiva, de tal manera que deberemos estudiar al paciente, de forma que interfiramos lo menos posible en la labor diagnostica y terapéutica del compañero que hizo la hoja de consulta. Además, intentaremos pedir sólo aquellas pruebas estrictamente necesarias.

En aquellos casos en el que el paciente tras realizarle la historia clínica concluyamos, que se trata de una patología digestiva añadida a la que causó el ingreso, que si bien debe ser estudiada, concluimos que este estudio puede perfectamente realizarse ambulatoriamente en nuestra consulta de digestivo, podemos optar por solicitar las pruebas diagnosticas pertinentes, de manera que cuando el paciente sea dado de alta por el servicio en el que está ingresado, le indicaremos que lo cite para nuestra consulta, donde recogerá los resultados de las pruebas realizadas durante su ingreso y posterior seguimiento.

En otros casos será dado de alta pendiente de realizarse pruebas ambulatorias, en lugar de realizarlas ingresado. Esto conllevará un alta más precoz, evitando un alargamiento del ingreso innecesario y una práctica clínica más eficiente.

Pasando de nuevo al paciente que ingresa en nuestra planta, lo primero que tenemos que hacer cuando llegamos al control de enfermería de la planta de hospitalización es saludar al personal de enfermería y auxiliar que se encuentre en ese momento. Solicitaremos la gráfica de constantes y evolución clínica del paciente que tenemos que historiar. Valoraremos las posibles apreciaciones que nos puedan facilitar ellos sobre diferentes aspectos del paciente (evolución clínica, relación con familiares, colaboración del paciente, gravedad inmediata del mismo, aspectos terapéuticos que no hayan quedado claro en la historia clínica llevados a cabo por los compañeros de urgencias que valoraron al paciente, nutrición, cuidados mínimos, etc.). Esta información será muy importante para el médico, pues condicionará lo que será el ingreso.

Antes de historiar al paciente, recomiendo que, además de valorar las gráficas de enfermería, veáis la historia clínica de urgencias en detalle, las pruebas complementarias realizadas (radiografías, electrocardiogramas, etc.), informes clínicos que aportara el paciente de consultas publicas o privadas donde le hayan visto anteriormente, pues toda esta información es vital para la realización y proyección de una buena historia clínica. Si haces ésto, te darás cuenta que cuando lo vayas a historiar, haciéndole ver que conoces aspectos relevantes de su problema clínico o enfermedad de base, el paciente se dará cuenta y te lo agradecerá, considerándose que se encuentra en buenas manos, hecho que repercutirá positivamente hacia ti por parte del enfermo, quien te manifestará claras muestras de satisfacción.

A continuación procederás a dirigirte a la habitación donde éste se encuentre ingresado. Normalmente, encontrarás a familiares junto al paciente, recomendándote que después de saludar y presentarte, solicites a éstos que se salgan de la habitación dado que tu ejercicio clínico se basa en el secreto médico, respetando la confidencialidad en todo momento.

En otros casos, a veces con pacientes mayores, indigentes o alcohólicos te encontrarás la situación contraria, es decir, una habitación, en la cual sólo se encuentra al paciente sin ningún familiar, no pudiendo entonces contrastar la información obtenida. Está claro que la información que obtenemos de los familiares es fundamental, pues va a poner de manifiesto el tipo de relación que tiene el paciente con los suyos, problemáticas existentes entre ellos y nos van a marcar las pautas idóneas para saber abarcarlos y así, valorar cómo dosificar la información que hay que darle tanto a unos como a otros.

Te orientarán o informarán de aspectos que el paciente no ha querido hacer mención, lo que te permitirá indagar más sobre ellos en días posteriores. Otras veces, como por ejemplo, personas mayores con problemas con demencia senil o incapacitados, la familia te va a dar una información vital, tales cómo cuáles son los tratamientos o cuidados que el paciente recibía en su domicilio, enfermedades padecidas, informes clínicos de consultas o ingresos previos, que de no contar con ellos, tu enfoque diagnostico y terapéutico en ese primer contacto no va a ser de la misma calidad, siendo tu historia clínica menos precisa.

Cuando ya te encuentres frente a frente con el paciente en cuestión, realizarás una historia clínica detallada, basada como ya sabéis en la estructura típica, que por orden tendremos: datos de filiación, antecedentes familiares y personales, causa del ingreso con todos sus síntomas y signos, exploración clínica minuciosa y finalmente establecer un juicio clínico de sospecha, según el cual estableceremos las técnicas diagnosticas correspondiente y su posterior tratamiento.

En la historia clínica digestiva debemos siempre preguntar si hay familiares que han padecido de enfermedades digestivas o similares a la del actual ingreso, y si conocen las causas por las que fallecieron. Preguntaremos síntomas como anorexia, astenia, pérdida de peso, síntomas que configuran el síndrome constitucional y debajo del cual subyacen patologías neoplásicas digestivas. Para descartar patología digestiva alta debemos preguntar si el paciente presenta disfagia u odinofagia (dificultad para tragar o dolor al hacerlo, respectivamente), pirosis (sensación de "ardores"), epigastralgia o dolor en la "boca del estómago". En la mayoría de los casos, detrás de estos síntomas encontraremos patologías digestivas que pueden variar desde la funcionalidad (dispepsia funcional) a cuadros orgánicos como estenosis esofágicas (de tipo péptica o tumoral), esofagitis infecciosa o péptica, patología ulcerosa gástrica o duodenal y en otros casos patología bilio-pancreática (pancreatitis aguda, cólicos biliares secundarios a la presencia de colelitiasis o coledocolitiasis, es decir, "piedras" en la vesícula o en las vías biliares, respectivamente).

En otras situaciones, el paciente presentará ictericia, color amarillo de piel y mucosas asociado o no a dolor abdominal, con posibles diagnósticos que pueden variar desde una hepatitis aguda o crónica reagudizada (estos episodios de ictericia no suelen doler), a ictericia dolorosas causadas por cólicos biliares, coledocolitiasis o patología neoplásica de cabeza pancreática. Otras veces es la manifestación de metástasis hepáticas o un hepatocarcinoma. Estos pacientes se beneficiarán en la mayoría de los casos, aparte de su radiografía de tórax y abdomen correspondiente, posiblemente de una endoscopia oral y/o ecografía abdominal, sin olvidar por supuesto de una analítica completa. En otros casos, tenemos que hacer uso de una tomografía axial computerizada de abdomen (TAC). Ésta solemos pedirla cuando hay síndromes constitucionales y la ecografía abdominal no aporta nada relevante. También la solicitamos cuando hay que realizar estudios de extensión tumoral, estudio de lesiones ocupantes de espacio (LOEs), visualizadas en una ecografía abdomen, cuando hay sospecha de abdomen agudo o perforación de víscera hueca, intentando de poner de manifiesto neumoperitoneo.

La colangio-resonancia magnética de abdomen (colangio-RMN) es una técnica cara, pero muy útil cuando existe el diagnostico de sospecha de coledocolitiasis, no verificada claramente en la ecografía de abdomen o para el estudio de dilatación de vías biliares. La resonancia magnética es muy útil cuando tenemos que estudiar LOEs hepáticas, en especial cuando se pretende confirmar una LOE hepática en una ecografía sospechosa de tratarse de un hepatocarcinoma.

La colangiografia retrograda endoscópica (CPRE) es una técnica endoscópica que disponemos en digestivo para la realización de técnicas terapeúticas de extracción de coledocolitiasis, colocación de endoprotesis biliares o pancreáticas en estenosis inflamatorias o neoplásicas de la vía biliar o pancreáticas. Actualmente su vertiente diagnóstica ha sido acaparada por la colangio-resonancia magnética de abdomen, y de hecho muchos endoscopista antes de realizar una CPRE desean disponer de una colangio-RMN antes de realizarla. Es una prueba no exenta de riesgos, y es por ello por lo que los pacientes tras su realización deben ser ingresados para observarlos durante 24 horas y ser posteriormente dados de alta si no surgen complicaciones. Entre las complicaciones más frecuentes, aunque afortunadamente inhabituales tenemos la pancreatitis aguda post-CPRE, que suelen evolucionar en la mayoría de los casos favorablemente con normalización de los fermentos pancreáticos en 24-48 horas y con buena tolerancia alimenticia. Se recomienda para evitar colangitis aguda (infección de la bilis del conducto biliar, que habitualmente está dificultada su drenaje por coledocolitiasis) la administración de antibióticos profilácticos como el ciprofloxacino o la amoxicilina-ácido clavulánico. Los antiagregantes y los antiinflamatorios deben suspenderse entre 5-7 días antes de la prueba, ante el riesgo de hemorragia digestiva que pueden sufrir si están sometidos a estos tratamientos cuando vayan a ser sometidos a una esfinterotomía endoscópica de la ampolla de Vater (que es el orificio por el que la bilis drena al tubo digestivo).

Entrando en más detalle, la esfinterotomía endoscópica es una terapéutica realizada mediante una CPRE, que mediante el uso de un papilotomo (una especie de bisturí endoscópico y una fuente de corte de diatermia) se amplía el orificio distal de drenaje del colédoco, denominada papila. Se trata de una especie de catéter-bisturí que va cauterizando y cortando el orificio del conducto biliar, lo que va a permitir la extracción de posibles cálculos enclavados en la vía biliar y la introducción de endoprotesis biliares en otros casos si es que existe una estenosis de la naturaleza que sea, o bien, en otros casos no hubiera sido posible la extracción de los cálculos en colédoco.

Por ello es fundamental, que en técnicas diagnosticas (biopsia hepática percutánea) como terapeúticas (CPRE terapéutica, polipectomias, gastrostomías percutáneas de alimentación, colocación de prótesis, etc.) se informe muy bien al paciente de aquellos aspectos relevantes en que consiste la prueba, las posibles complicaciones y los posible beneficios de realizársela. Todo esto se va a cumplir de acuerdo a la legislación vigente con el cumplimiento del consentimiento informado, documento que es imprescindible que el paciente o en su defecto su tutor o representante conozca y firme.

Otros síntomas que no debemos de dejar de interrogar al paciente es si tuvo fiebre, febrícula o escalofríos; si ha presentado recientemente o desde hace ya cierto tiempo un cambio del hábito intestinal, o bien en forma de aumento del número de deposiciones o se encuentra más estreñido. También si en algún momento ha expulsado con las deposiciones productos patológicos (sangre o moco) o ha presentado dolor abdominal. Bajo estos síntomas pueden subyacer patologías como gastroenteritis infecciosa, enfermedad inflamatoria intestinal tipo Crohn o colitis ulcerosa, celiaquia, neoplasia de colon. En otros casos subyacen cuadros funcionales como colon irritable. En todos ellos, las pruebas diagnosticas que estarían indicada realizar podrían ser un enema opaco (contraste baritado administrado por el ano y realizado por los radiólogos para valorar el colon), los tránsitos intestinales con seriado de ileón terminal (estudio de malabsorción intestinal, estenosis, sospecha de enfermedad de Crohn ileal estenosante), gammagrafía de leucocitos marcados (prueba de medicina nuclear que se emplea para valorar la actividad y extensión de una enfermedad inflamatoria intestinal grave en las que está contraindicada la realización de una colonoscopia completa). La gammagrafía con Tecnecio marcado es ideal para descartar la existencia del divertículo de Meckel, entidad que debemos pensar en ella sobre todo en hemorragias digestivas de origen oscuro en pacientes jóvenes;

Cuando a un paciente con una hemorragia digestiva lo sometamos a una endoscopia oral y colonoscopia con estudio mediante TAC o tránsito intestinal sin evidencia de lesiones estaremos hablando de una hemorragia digestiva de origen oscuro. En estos casos, estará indicada la realización de una gammagrafía con hematíes marcados, arteriografía mesentérica, o bien, la capsuloendoscopia.

Esta última es una técnica que ha ido creciendo su aceptación para esta indicación, permitiendo la localización selectiva de lesiones sangrantes en intestino delgado (angiodisplasias, pólipos ulcerados, tumores intestinales), lesiones que pueden ser muy bien visualizadas y localizadas con esta técnica. Tienen el inconveniente que sólo sirven para diagnosticar, pero no para tratar.

Pero si estas pruebas tiene su finalidad para cada una de estas cosas, no podemos olvidarnos de la prueba reina: la colonoscopia, que nos va a permitir valorar finamente la mucosa colónica con imágenes dinámicas y a todo color en un monitor, e incluso permite la valoración de ileon distal. La diferencia que tiene frente al resto de pruebas es que permite estudiar el colon desde el punto de vista diagnostico, pero es que además permite el desarrollo de técnicas terapeúticas como las polipectomias o el tratamiento con argon plasma de lesiones angiodisplásicas, tratamientos que trataremos en su correspondiente capítulo.

Tras la realización de la historia clínica y establecido un juicio diagnostico de sospecha, procederemos a establecer cuales son las pruebas diagnosticas que consideremos oportuna pedir, de acuerdo a los protocolos clínicos actualmente aceptados por el servicio, hospital o comunidad científica. Debemos ajustarnos a las normas de eficiencia y responsabilidad, siendo consciente que cada cosa que pidamos servirá para algo, no pidiendo pruebas que sean innecesarias o repetitivas.

Toda prueba diagnostica que solicitemos tiene que tener su finalidad, en base a los posibles diagnósticos diferenciales que hayan surgido a raíz de elaborar la historia clínica. En la práctica clínica diaria existe una ley muy clara y consiste en intentar respetar estos aspectos. Valorar a la hora de pedir pruebas complementarias, la complejidad de las mismas, si existe una prueba que siendo más barata que otra os va a dar una información similar, elegid la más económica; intentar siempre por empezar con las pruebas menos invasivas. Deberéis seleccionar aquellos casos de forma personalizada que vayan a beneficiarse de pruebas diagnosticas en otros centros distinto al vuestro y que solicitais por no disponer de ellas en el vuestro, ya que tendréis que realizar gestiones burocráticas que os quitará tiempo y supondrá un trastorno adicional para el paciente. Está claro que éstas son recomendaciones, de forma que siempre será el médico el que decida con total libertad lo mejor para su paciente.

Finalmente, indicaremos a la enfermería el tratamiento que deberá recibir el paciente. Lo consignaremos en letra clara, leíble, estableciendo en éste 3 apartados definidos: el primero, donde se establece la dieta (absoluta, no comerá; dieta de protección gástrica, en caso de úlceras o hemorragia digestiva; dieta de pancreatitis o de protección biliar, en caso de pancreatitis aguda o crónica o patología bilio-pancreática; dieta diabética si es diabético; sin sal, si es hipertenso, sufre de insuficiencia cardiaca congestiva o se trata de un cirrótico descompensado con ascitis, etc.). En este primer apartado también especificaremos las constantes que debe tomar el personal auxiliar, quien hará constancia en la gráfica de enfermería tales como el peso, frecuencia cardiaca, tensión arterial, diuresis con sus pautas correspondientes).

Es aconsejable que en este apartado no falte que se saquen hemocultivos seriados si el paciente presentara fiebre e incluso, que en caso de presentarla, que se instaure un determinado tratamiento antibiótico, así como otras medidas como curas y cuidados especiales.

Un segundo apartado mostrará el listado propiamente dicho de los medicamentos orales e intravenosos que debe recibir el paciente con su pauta correspondiente y con letra clara, para no generar dudas. Por ejemplo, es habitual que se utilice un protector gástrico (Omeprazol, Pantoprazol, etc.); si tiene vómitos o nauseas (Metoclopramida en jarabe o intravenoso), si tiene dolor (Paracetamol o Metamizol magnésico intravenoso). En casos de dolor muy intenso añadir Adolonta intravenosa. Se emplearán pautas antibióticas según el diagnostico de sospecha inicial, por ejemplo, si el paciente presentó ictericia, dolor abdominal en hipocondrio derecho y fiebre sospecharemos una colangitis aguda o colecistitis aguda. La ecografía abdomen podrá diferenciar estas dos entidades claramente, pues mientras en la colangitis aguda, probablemente evidenciaremos una dilatación de la vía biliar o coledocolitiasis, en el segundo caso se objetivarán las paredes engrosadas de la vesícula con colelitiasis en su interior con signo de Murphy ecográfico positivo. En el primer caso, se cubrirá muy bien con Amoxi-clavulánico a dosis de 1 gramo intravenoso cada 8 horas, mientras que en caso de tratarse de una colecistitis aguda el tratamiento antibiótico indicado, además de contactar con el servicio de cirugía para que valore al paciente para una posible colecistectomía laparoscópica o abierta, será la Piperazilina-Tazobactam 4/0.5 g intravenoso cada 8 horas.

En enfermos con brotes de enfermedad inflamatoria intestinal, además de los corticoides intravenosos y valorar si precisa una nutrición parenteral total o enteral, se suelen emplear una asociación de antibióticos, que cubrirán tanto microbios Gram negativos como anaerobios, empleándose habitualmente la asociación de Ciprofloxacino 200 miligramos intravenosos cada 12 horas con Metronidazol 500 miligramos intravenosos cada 8 horas, por ejemplo.

Cuando un paciente ingresa con sospecha de gastroenteritis infecciosa con productos patológicos habitualmente además de la dieta absoluta con sueroterapia intravenosa para la corrección metabólica y electrolítica se suele emplear antitérmicos intravenosos como paracetamol más antibiótico empírico, que el más usado es el Ciprofloxacino o Trimetroprim-Sulfametoxazol, el cual suele ser sensible actualmente frente a la mayoría de las cepas bacterianas causantes, tales como la Echericia Coli o Salmonella.

El estado nutricional es el gran olvidado en el tratamiento médico de muchos pacientes ingresados. Éste es conveniente valorarlo en determinados pacientes, en especial, aquellos que tienen patologías crónicas como son los cirróticos, en especial si están ya incluidos en listas de trasplante hepático y los enfermos inflamatorios intestinales (enfermedad de Crohn y colitis ulcerosa). Otro grupo de enfermos que puede ser aconsejable el asesoramiento por un nutricionista son los pacientes con pancreatitis crónica, sobre todo aquellos que llevan bastante tiempo con su enfermedad de base, pues pueden terminar desarrollando insuficiencia pancreática endocrina (diabetes mellitus secundaria) y/o exocrina (disminución de los fermentos pancreáticos, que facilitan la digestión de distintos nutrientes necesarios, condicionando una maladigestión, siendo típico cuando estos pacientes comienzan con aumento del ritmo deposicional). La prueba recomendada en estos casos es la grasa en heces de 24 horas (Van de Kamer de 24 horas). Si la prueba resulta positiva hay que añadir fermentos pancreáticos exógenos con las comidas.

Los pacientes con cirrosis hepática, que es un número de pacientes nada despreciable que vemos en consultas de digestivo y en planta de hospitalización con descompensaciones es otro paciente que es preciso dominar claramente. Es un enfermo complejo, que puede sufrir diferentes tipos de descompensaciones, entre ellas tenemos la descompensación ictero-hidrópica, que cuando ocurre por primera en un paciente en urgencias recomendamos su ingreso para estudio, en especial si al realizar la paracentesis diagnostica se diagnostica de peritonitis bacteriana espontánea (recuento de polimorfonuclerares neutrólifos > 250 células en líquido ascítico). Cuando ocurre habitualmente se trata de cirrosis hepática evolucionada en estadio C de Child-Pugh, y es una entidad en la que está indicado el ingreso para tratamiento antibiótico. El hecho que aparezca ascitis en un paciente cirrótico implica valorarlo para trasplante hepático, una vez estabilizado y habiendo asegurado una abstinencia absoluta alcohólicas en caso de que la causa de esta cirrosis sea de origen enólico de al menos 6 meses. No debemos olvidar que siempre que ingresa un paciente cirrótico por alguna descompensación, tenemos que disponer en los últimos 6 meses de una ecografía abdominal, mejor si es con estudio doppler para estudio de hipertensión portal y confirmar permeabilidad de la vena Porta.

En caso de ingresar por hemorragia digestiva de origen varicial, el paciente una vez monitorizado y sometido a tratamiento con Somatostatina en perfusión continua o mediante bolos de Terlipresina intravenoso, será sometido a una endoscopia oral urgente, con el fin de proceder a la esclerosis o mejor si es posible ligadura de las varices esofágicas. Está claro que otra descompensación que puede presentarse en pacientes cirróticos como es la encefalopatía hepática (desorientación temporo-espacial, agitación, nula colaboración, asterixis) contraindicaría la realización de una endoscopia oral urgente, por el riesgo serio que tendría el paciente de hacer una aspiración pulmonar del contenido hemático hallado en su estómago. En ese caso se recomienda la colocación de sonda nasogástrica de aspiración, administración por ella de tratamiento con Lactulosa y enemas de Lactulosa cada 8 horas hasta recuperación de la encefalopatía. En caso de hemorragia cataclísmica o sangrado severo valorar colocación de balón hemostático de Sengtacken-Blakemore, manteniéndose lleno el balón intragastrico y en raras ocasiones siendo preciso el esofágico durante máximo 12 horas. Si resangrara de nuevo podría valorarse hincharlo de nuevo pasadas unas horas en espera de que la encefalopatía hepática remita.

Otro problema que tienen estos enfermos es que no deben ser nunca dados de altas sin una endoscopia oral en caso de no tenerla para valorar la presencia o no de varices esófago-gástricas. ¿Por qué os digo esto? Pues porque si el paciente, que ingresó por otra causa, en realidad las tenía, y no lo sometimos a un screening endoscópico de varices esófago-gástricas, podrían presentar una posterior hemorragia digestiva variceal, que en algunos casos es mortal y privaríamos al paciente de un potencial efecto preventivo de posibles recidivas hemorrágicas, como son el empleo de betabloqueantes (generalmente Nadolol y Propanolol). De no hacerlo podríamos estar cometiendo una negligencia médica con las consiguientes connotaciones legales.

Son muchas las entidades clínicas que el especialista en Aparato Digestivo tiene que dominar. Existen múltiples guías de práctica clínica en patología digestiva como son la de la American Gastroenterology Association, la Asociación Española de Gastroenterología, la Sociedad Española de Patología Digestiva, la Asociación Española para el Estudio del Hígado y a la cual os remito para un mayor conocimiento.

Pero si es importante el conocimiento técnico y teórico que debe tener el digestivo, no menos importante es una gestión eficiente de una planta de hospitalización de Digestivo. Mi recomendación "Gold Standard" para el médico encargado de este departamento es que lo importante es la evolución clínica del paciente cuando ingresa, pues va a permitir valorar personalizadamente la situación clínica del mismo y valorar el tiempo necesario y justo que un paciente debe estar ingresado por la causa que condicionó el ingreso. Es fundamental apoyarnos en una buena consulta externa de Digestivo, a la cual el paciente pueda ser remitido para seguimiento o bien para una valoración precoz o bien la recogida de una prueba complementaria que se realizó mientras estaba ingresado, para así saber su resultado.

Efectivamente, nos basamos en esto, ya que para imprimir un dinamismo óptimo y eficiente de la planta de hospitalización es preciso, decidir en qué momento podemos dar de alta al paciente, una vez que tengamos asegurado que no existe riesgo vital, no precisa tratamiento parenteral, y siempre y cuando, el paciente haya evolucionado favorablemente (factor más importante en la toma de decisiones). Por ejemplo, en mi práctica clínica habitual una de las patologías más frecuentemente ingresadas son las pancreatitis agudas de origen biliar o enólica. La gran mayoría de estos pacientes evolucionan favorablemente en pocos días (3-4 días), desapareciendo el dolor abdominal, tolerando perfectamente la dieta y normalizando la analítica pancreática. Salvo el paciente complicado, el que se decide si es de origen biliar ser programado durante el ingreso para colecistectomía, puede ser dado de alta con una ecografía abdominal, que el digestivo incluso se la ha podido realizar, valorando las estructuras más importantes (vesícula, vías biliares y páncreas). Hay digestivos que solicitan también una TAC de acuerdo al protocolo establecido, a pesar de haber evolucionado bien y no es dado de alta hasta que no se recibe el informe de dicho TAC. Esto conllevaría una estancia de este paciente que se alejaría de lo que consideramos una práctica clínica eficiente. ¿Por qué decimos estos? ¿Qué es lo que habría yo hecho en este caso? Pues como os comenté, si el paciente cumple los 3 condicionantes (la no necesidad de tratamiento parenteral, ausencia de riesgo vital y una evolución favorable), me hubiera valido exclusivamente con una ecografía abdominal, no considerando necesaria, salvo complicaciones clínicas u otros aspectos, la realización de un TAC de abdomen. Existe un caso que se puede dar, en el cual puede ser preciso la realización de éste, como cuando existe cuando le haces la ecografía interposición de aire no te permite valorar páncreas. En ese caso sí considero que sería necesaria realizarlo, pero siempre ambulatoriamente, no como ingresado, aunque la solicitud se realizara ingresado.

Esto está muy bien, pero si no resolvemos el problema de no disponer de una consulta externa de digestivo que se encargue de valorar a estos pacientes, que denominamos altas precoces, esto no habrá valido para nada. El problema que nos podemos encontrar es que el resultado de ese TAC o de pruebas cuyos resultados quedan pendiente de valorarse en consultas, no deben esperar en exceso, pues podría haber cambios evolutivos, estando ya de alta el paciente o en el caso hipotético que el TAC evidenciara una lesión ocupante de espacio compatible con adenocarcinoma de páncreas, por ejemplo, si este paciente tuviera que esperar 2-3 meses para recoger su resultado, el pronostico de este cáncer cuando lo recibiéramos en la consulta externa nuestra sería mucho peor, que si lo hubiéramos visto a las 2-3 semanas como mucho del alta.

Es por lo que digo, que considero fundamental que el digestivo de planta se encuentre apoyado para la gestión precoz y dinamizadora de altas con una consulta externa de aparato digestivo resolutiva, que permita ver en determinados días o bien todos los días 1-2 pacientes más, de los que habitualmente se encuentran citado de forma reglada.

Esta compenetración exquisita que debe existir entre la planta y la consulta externa de nuestra especialidad va a permitir la recogida de resultados de pruebas complementaria realizadas en planta o bien incluso ambulatoriamente de forma precoz (periodo de espera, que no se recomienda supere las 2-3 semanas en este tipo de casos), así como enfermos crónicos, que una vez estabilizados de su enfermedad de base, necesitan de un seguimiento estricto (sospecha de organicidad grave o tumores) o control terapéuticos intensivo (ajustar dosis de diuréticos y betabloqueantes en cirróticos, por ejemplo).

Esto va a permitir altas más precoces, un claro ahorro del coste sanitario, un disponibilidad de camas para el servicio de urgencias muy buena y una comodidad del paciente, que ve que estando ya recuperado del cuadro clínico que condicionó su ingreso, solamente está ingresado los días que son estrictamente necesarios.

Otro aspecto que permite disminuir la estancia hospitalaria de un paciente que evoluciona bien, es realizar la colecta de algunos de los informes provisionales de algunas de las pruebas complementarias que se le hayan realizado en el ingreso, y en otros casos, la obtención de un informe verbal de los mismos, lo cual va a permitir el alta del paciente, al menos 2-3 días antes, que si esperáramos a que nos den el oficial por escrito y el celador te lo lleve a la planta. Es por ello, por lo que el digestivo de planta tiene que moverse prácticamente durante toda su jornada, obteniendo información directa de patólogos, radiólogos, otras especialidades con el fin de obtener una buena gestión de la misma.

No debemos tampoco olvidar que es importante advertir con antelación, es decir, tener buen ojo clínico, para darse cuenta, cuando un paciente tenga riesgo en breve de sufrir un repentino cambio clínico a peor, con incluso potencial riesgo vital a corto plazo, si no se estiman las medidas oportunas. Por poneros un ejemplo, un paciente con dolor abdominal, que evoluciona a un cuadro de abdomen agudo con sospecha de perforación de víscera hueca y consiguiente peritonitis. Si te caracterizas de una capacidad previsora, antecediéndote a ese posible desenlace con riesgo vital para el paciente, que antes no tenía, te va a permitir tomar medidas a tiempo. En este caso, por ejemplo, lo recomendable sería hablar con el radiólogo de guardia para que os haga una radiografía abdomen urgente y TAC abdomen con el fin de confirmar la sospecha clínica (neumoperitoneo), contactar a continuación, con el Cirujano General de guardia, así como con los intensivistas para valorar la disponibilidad de camas en la Unidad de Cuidados Intensivos, mientras acuden a la planta para valorar al enfermo. Mientras tanto, se irán realizando los preparatorios prequirúrgicos, anestésicos (estabilización del paciente, coger vías centrales, etc.).

Otros ejemplos, son cuando un paciente con brote severo de pancolitis ulcerosa presenta un deterioro importante clínico con dolor abdominal, fiebre, y fracaso del tratamiento médico, es fundamental decidir en que momento la terapeútica conservadora ha fracasado para contactar con el cirujano antes de que se deteriore el paciente más y vaya a quirófano en peores condiciones. Si tardas en adoptar esta decisión el paciente puede sufrir graves consecuencias al operarse, que tal vez no hubieran llegado a producirse si se hubiera contactado antes con él.

Pero no todo es avisar al cirujano, sino también es importante decidir cuando debemos contactar con los intensivistas para que valoren a un paciente y de forma que no sea demasiado tarde. Según su valoración se decidirá o no el ingreso en la Unidad de Cuidados Intensivos (UCI). Normalmente nos plantearemos el ingreso en UCI cuando sufran un deterioro inesperado en pacientes con buena calidad de vida previa, fracaso de la función renal, trastornos metabólicos severos, tales como la acidosis metabólica severa, situaciones de inestabilidad hemodinámica, como ocurre en hemorragias digestivas, en hospitales donde no existen Unidad de Sangrantes, pancreatitis aguda grave necro-hemorrágica, isquemias mesentéricas agudas o subagudas, etc.

Como veis el manejo de una planta es difícil y requiere un trabajo en equipo, basado en la coordinación, en el cumplimiento de los protocolos clínicos aceptados y en una gestión eficiente de camas cuando el paciente evolucione favorablemente.

REFERENCIAS BIBLIOGRÁFICAS

Pellicano R, Bonardi R, Smedile A, Saracco G, Ponzetto A, Lagget M et al. Gastroenterology outpatient clinic of the Molinette Hospital (Turin, Italy): the 2003-2006 report. Minerva Med. 2007; 98:19-23.

CAPÍTULO 3

ENDOSCOPIA DIGESTIVA ALTA
DIAGNOSTICA Y TERAPEÚTICA

Dr. Fernando M. Jiménez Macías

INTRODUCCIÓN

La endoscopia digestiva alta, como la colonoscopia son técnicas imprescindibles para el digestivo. Con ellas vamos a poder realizar los diagnósticos y tratamientos necesarios, que de otra forma no serían posibles. Una endoscopia digestiva alta se puede pedir para descartar una patología peptica ulcerosa, cuando el paciente presenta signos de reflujo esófago-gástrico, así como para valorar si presenta esofagitis peptica, cuando presenta disfagia u odinofagia, y así descartar la presencia de posibles estenosis inflamatorias en cardias o píloro o bien neoplasias esofágicas.

Pero no solamente sirve para valorar los segmentos del tracto digestivo superior esofágico-gastro-duodenal mediante imágenes que vemos en un monitor y que pueden incluso ser fotografiadas y procesadas como videos en congresos y reuniones científicas, sino que además permiten ampliar y reforzar la sospecha diagnostica mediante una confirmación histológica, como son la toma de biopsias y citología, aspectos que confirmarán o no el diagnostico endoscópico de sospecha.

Pero si esto nos parecía extraordinario, llegamos a más, permitiendo opciones terapeúticas sin tener que intervenir quirúrgicamente al paciente en muchos casos, tales como polipectomias, colocación de endoprotesis esofágicas y pilóricas, colocación de gastrostomías percutáneas endoscópicas, esclerosis/ligadura de varices, aplicación de pegamento (Bucrilato) tópico sobre varices gástricas y en el caso concreto de la ecoendoscopia digestiva alta, que es un endoscopio que en su extremo distal presenta un cabezal ultrasónico, que permite obtener imágenes de las distintas capas del tracto digestivo superior y valorar muy finamente el sistema bilio-pancreático, siendo ideal para el estadiaje local de determinados tumores (localización esofágica, gástrica, pancreático, colangiocarcinomas), con una sensibilidad y especificidad en algunas series superior a la tomografía axial computerizada (TAC).

COMPONENTES DE UN VIDEOGASTROSCOPIO

Cuando ves por primera vez un endoscopio oral lo primero que te llama la atención es la terminal de imagen que dispone y que consta de un monitor, donde puedes visualizar las imágenes endoscópicas y habitualmente al lado un video VHS o mejor aún una grabadora de DVD. Normalmente estas unidades se encuentran conectadas a un ordenador que dispone de un programa informático, que permite la captura de imágenes endoscópicas de alta resolución, así como la elaboración del informe endoscópico estructurado, que una vez elaborado se le podría dar al paciente, una vez haya finalizado la exploración.

El endoscopio presenta además un terminal que constituye prácticamente el "corazón" del aparato y que cumple dos misiones claras: por un lado una fuente de luz basada en la fibra óptica y por el otro, un sistema doble, que permite dos opciones vitales para el endoscopista como son la aspiración y la insuflación de aire.

La aspiración es muy importante, ya que permite que el endoscopista cuando se encuentre una cámara gástrica con contenido líquido abundante pueda aspirarlo y conseguir valorar la mucosa de todas las paredes del estómago o cuando veamos el capítulo de colonoscopia, servirá para aspirar aire del colon. Este procedimiento permitirá tolerar mejor la exploración a los pacientes y en algunos casos avanzar con el colonoscopio sin movilizarlo.

Por su parte, la insuflación de aire es fundamental, pues le va a permitir introducir aire en las cavidades del tracto digestivo que se encuentran colapsadas, con la consiguiente visualización de toda la cámara gástrica. Este terminal que cumple 3 funciones muy importantes: fuente de luz, aspiración e insuflación, hay que decir que te va a permitir que el haz de luz que obtenemos en el extremo distal del endoscopio sea más amplio o menos, que la potencia de la insuflación sea mayor o menor.

Veremos, además que la terminal endoscópica dispone de una especie de recipiente transparente, generalmente situado a la izquierda de ésta si es que la tenemos enfrente, y que debe estar siempre llena de agua hasta un determinado nivel, marcado en dicho envase. La función de este recipiente transparente es la que suministrar agua en el extremo distal del endoscopio con intención de lavar la lente, función importante, dado que en algunas ocasiones, como sabemos, el contenido gástrico o colónico presenta restos alimenticios en el primer caso y fecaloideos en el segundo de consistencia sólida, que se adhieren a esta lente, impidiéndonos visualizar la imagen.

Al proceder al lavado con agua de esta zona, permitimos en muchas ocasiones desprendernos de estos restos, permitiéndonos continuar con la prueba sin problemas. De esta manera, se concluyen las 4 funciones más importantes de la terminal endoscópica: insuflación, aspiración, fuente de luz y lavado extremo distal del endoscopio. Habitualmente cuando el endoscopista va a iniciar una exploración, generalmente el auxiliar de clínica que te acompaña y que suele encargarse de la limpieza y desinfección de los endoscopios se encarga de comprobar su perfecto funcionamiento, una vez que el endoscopio se ha conectado a la terminal.

Pero una cosa es el terminal del endoscopio que le va a permitir todas y cada una de esas funciones anteriormente descritas, y otra es el endoscopio propiamente dicho o cuerpo principal del éste, el cual consta de 2 partes claramente definidas: la primera, más proximal y que podemos denominar sistema de conexión del endoscopio, que es la parte del endoscopio que le permite conectarse a la terminal, lo que va a permitir que llegue la luz y el aire que se necesitará para la insuflación durante la exploración. Además esta parte permite la conexión del endoscopio a una bomba de aspiración que toda sala de endoscopias debe disponer, que es como el "motor" que permite realizar las aspiraciones correspondientes.

La segunda, denominada <u>sistema de mandos o de control del endoscopio,</u> que a su vez su vez, consta de dos partes. La más proximal, que es donde se encuentra la parte más importante para el endoscopista, es decir, el mando que le permite controlar la punta del endoscopio, permitiéndoles giros del extremo distal del endoscopio en los 4 cuadrantes de la luz digestiva, en forma de dos ruedas de disposición vertical, una de menor tamaño (mando de angulación derecha/izquierda) y otra mayor (mando de angulación arriba/abajo).

Este sistema de control del endoscopio dispone además de un <u>sistema de fijación o freno</u> de ambos mandos de angulación, es decir, nosotros, mediante este mando, una vez que hayamos colocado el extremo distal del endoscopio en una determinada posición con el fin, por ejemplo, de realizar una polipectomia y queremos dejarlo fijo en esta posición, lo conseguiremos con ellos, de tal manera que no tendremos que estar preocupados de mantener la posición deseada sin tocar ya los mandos, y todo gracias a este sistema de freno o sujeción.

Pero este sistema de control no sólo dispone de los mandos de angulación y de los sistemas de freno, sino que además presenta dos botones o cilindros, que serán los que nos permitirán decidir cuando nosotros queremos realizar una insuflación, aspiración o lavado de la lente. Estos botones pueden extraerse del sistema de mando cuando el endoscopio se vaya a lavar y desinfectar.

Cuando tenemos agarrado con nuestra mano izquierda este sistema de mando del endoscopio, veremos que ambos cilindros o botones se encuentra situados juntos justamente en la parte frontal del sistema de mando o control del endoscopio. De los dos el que estaría situado en la parte superior corresponde al cilindro o botón de aspiración, mientras el que está inmediatamente por debajo constituye el cilindro de aire/agua.

Mientras que el primero (superior o de aspiración) no tiene problema, ya que es cuestión de apretarlo para que el endoscopio proceda a la aspiración del aire o contenido liquido del estómago, el segundo (inferior o de aire/agua), tenemos que recordar siempre que presenta dos funciones y, consiguientemente dos posiciones: una, cuando queramos simplemente insuflar, es decir, introducir aire en la cavidad gástrica, lo único que tendremos que hacer será apoyar firmemente la yema del dedo índice, pero sin ejercer presión sobre la superficie de este botón, mientras que si lo que pretendemos es lavar la lente del extremo distal del endoscopio, en lugar de apoyar el dedo simplemente, lo que haremos es apretarlo con fuerza, lo que nos permitirá eliminar el cuerpo extraño que había adherido o simplemente limpiar la visión de la lente, que estaba borrosa. Otros pequeños detalles que dispone este sistema de mando es que presenta algunos botones más pequeñitos, situados en la parte superior del mando del endoscopio, que permiten fijar la imagen del monitor, hacer fotos, datos que podrán ser recogidos por el terminal informático.

Después, no podemos olvidarnos de otros dos aspectos que dispone el endoscopio. Uno es orificio de entrada del canal de biopsia o también llamado "canal de trabajo" del endoscopio. Generalmente se encuentra en la parte inferior de este sistema de mandos y generalmente se encuentra taponado por un "tapón" de plástico o también llamado válvula de biopsia, cuya función es la de permitir introducir a través de él todas las herramientas o accesorios que vaya a emplear el endoscopista en su trabajo diario, desde pinzas de biopsias, agujas de inyección para terapéutica o marcaje de lesiones, asas de polipectomias, sonda de argón plasma coagulación, etc.

Esta válvula de biopsia también es empleada por el endoscopista para realizar lavados de lesiones o introducir agua en la cavidad del tracto digestivo que esté explorando, como ocurre en la ecoendoscopia, en la cual es preciso que el ecoendoscopio se encuentre rodeado su extremo distal por agua como medio facilitador de la transmisión de ultrasonidos. Hay departamentos de endoscopio que para introducir cuantías importantes de agua a través de este canal de biopsia para realizar lavados se emplean jeringas de 50 cc., mientras que en otros disponen de pistolas de presión de agua, que tienen la ventaja que no hay que cargarlas, siendo más rápido y generalmente no necesitando la ayuda del enfermero en este caso.

El endoscopio finaliza en su extremo distal, que dependiendo del modelo de endoscopio que se trate, varía su diámetro, oscilando entre 8.5 mm. hasta casi 14 mm. si se tratara de un endoscopio oral terapéutico. El diámetro del orificio del canal de biopsias también puede variar oscilando desde 2-4 mm., dependiendo de si se trata de un endoscopio oral terapéutico o no. La longitud del endoscopio oral según el modelo también varía.

¿Qué otras cosas debemos tener en cuenta y saber que disponemos de ellas para realizar las endoscopias? Pues bien, además de la terminal con su monitor, el ordenador y el fibrogastroscopio, debemos saber que existen otros elementos, que nos van a acompañar y son fundamentales: los accesorios de endoterapia (pinzas de biopsias, cepillos para citología, pinzas de agarre, hilos-guía, clip hemostáticos, asa de polipectomias, pinzas de biopsias por calor, cesta de Dormia, sonda de argón plasma coagulación, catéteres, endoprotesis esofágicas o pilóricas), terminal de electrocirugía de alta frecuencia, que es la que nos permite realizar terapéuticas endoscópicas, el abrebocas (dispositivo, que se le introduce al paciente en la boca para que éste lo fije con su arcada dentaria y así evitar que cuando el endoscopio se introduzca en la boca para realizar la endoscopia oral no lo muerda).

Finalmente una especie de lavadora del endoscopio denominada endo-termo-desinfector y que como tal tiene distintos programas de lavado. En ella se introduce los endoscopios, pues las hay con posibilidad de lavar uno o dos, siendo sometidos a un lavado y desinfección con programas que pueden durar entre 20-30 minutos. Disponen además de un test de fugas, que permite saber si el endoscopio se ha colocado correctamente en esta "lavadora". En caso de no haberse colocado bien avisa con una alarma al auxiliar, de tal manera, que se podrá resolver el problema.

Pero si es importante que dispongamos de todos estos elementos cuando vamos a someter al paciente a una endoscopia oral, no menos importante es contar con un personal auxiliar (enfermero y auxiliar de enfermería) adiestrados, experimentado que te ayudará de forma complementaria en todas tus labores.

Indudablemente, lo que desea un endoscopista es contar con un personal auxiliar que ya conoce, que sabe lo que hace y que tiene adiestrado en todas las técnicas terapéuticas posibles que le puedan surgir durante una jornada. Es por ello, por lo que endoscopistas experimentados desean tener si es posible el mismo personal auxiliar siempre. La función del auxiliar en un departamento de endoscopia habitualmente va a ser la de realizar la recepción del enfermo, confirmar cumplimiento de requisitos del consentimiento informado firmado, si es que el endoscopista no lo ha comprobado previamente, el colocar y comprobar que el endoscopio funciona perfectamente (la función de aspiración, lavado e insuflación), así como retirarlo una vez finalizada, ayudar al enfermero en todas las labores que éste tenga que realizar y finalmente será la persona responsable del lavado y desinfección del endoscopio, traslado del paciente a la sala de reanimación con o sin la ayuda del celador, facilitar información a familiares una vez realizada y despedida.

Por su parte, el enfermero cumple otros cometidos: hará un pequeño historial clínico antes de realizar la prueba, determinando si el paciente ha presentado alergias medicamentosas, tiene antecedentes cardiópatas, de patología pulmonar o es nefrópata, con intención de valorar un control más exhaustivo en la monitorización del enfermo, valorar ajustes de la sedación según el nivel de saturación de oxígeno o si presenta insuficiencia renal. Otro aspecto importante que se debe introducir en este historial es qué medicaciones el paciente estaba realizando. Es muy importante, especialmente cuando se vaya a realizar una terapéutica endoscópica como polipectomias si el paciente está actualmente antiagregado o anticoagulado, pues como sabemos a veces el paciente está tomando esta medicación y nadie le indicó que no la tomara.

En caso de realizar una polipectomia en un paciente antiagregado podría ocurrir que se produjera una hemorragia digestiva alta. Es por ello, por lo que se recomienda no someter al paciente a técnicas endoscópicas terapeúticas, estando antiagregado o anticoagulado. No existe contraindicación para la toma de biopsias, pero para terapéutica sí. No existe problema cuando el paciente toma como analgésico paracetamol.

Hay pacientes que están con tratamiento anticoagulantes con Acenocumarol o doble antiagregación (Clopidogrel + aspirina infantil) por presentar uno o varios stents coronario/s. En el primer caso, que suele tratarse de enfermos con fibrilación auricular (el tipo de arritmia más frecuente) y en el segundo normalmente por presentar cardiopatía isquémica coronaria o antecedentes de accidentes isquémicos cerebrales. En ese caso no podríamos realizar terapéutica pues casi con bastante probabilidad, al realizar la polipectomia el paciente presentaría una hemorragia digestiva alta. En estos casos si está anticoagulado con Acenocumarol, existen pautas alternativas, consistentes en la suspensión de este fármaco, que se sustituirá por heparinas de bajo peso molecular subcutánea, que el propio enfermo los días antes de la exploración se administrará en su casa. Ésta última, que tiene una duración de su efecto de aproximadamente 12 horas, la última dosis de heparina que deberá ponerse el paciente antes de la endoscopia terapeútica, si esta se va a realizar, por ejemplo, a las 12 horas de la mañana, pues por ejemplo a las 21 horas del día anterior a la prueba. De esa manera el paciente cuando se vaya a someter a la terapéutica endoscópica no estará bajo los efectos ni del anticoagulante oral ni de la heparina subcutánea y podremos realizar la intervención sin riesgos excesivos.

Una vez realizado el tratamiento el paciente permanecerá 24 horas sin tratamiento anticoagulante ni heparinas, que una vez pasadas estas horas se reiniciará la heparina de bajo peso molecular y el anticoagulante. Cuando éste último ya estuviera en rango terapéutico podríamos suspender la heparina y dejarlo ya con su anticoagulante oral. En el caso de la doble antiagregación, aconsejamos que sea el cardiólogo, el que decida si el paciente, para someterse a la terapéutica endoscópica, puede suspenderla o, si por el contrario, precisa heparina de bajo peso molecular para poder llevar a cabo la suspensión de ésta con seguridad.

No es recomendable que en los 7-5 días antes de la exploración el paciente que tiene que ser sometido a una polipectomia endoscópica haya tomado antiinflamatorios tales como ácido Acetilsalicílico, Piroxicam, Ibuprofeno, Diclofenac, Metamizol Mágnesico, etc.

Otro aspecto que no debe olvidar el enfermero cuando realice el historial médico breve previo, es preguntar si el paciente presenta algún tipo de valvulopatía cardiaca. En ese caso, lo recomendable es administrar al paciente una profilaxis antibiótica para endocarditis, que habitualmente suele ser suficiente con la asociación de una penicilina con aminoglucósido intravenosos 30 minutos antes de la exploración, tales como Ampicilina + Gentamicina, seguido a las 6 horas de la misma de una penicilina oral, ya en su domicilio. En alérgicos a penicilinas o en enfermos renales en los que no se deben emplear aminoglucósidos, existen otras pautas antibióticas alternativas.

También es conveniente que el enfermero dedique unos minutos a explicarle al paciente en qué va a consistir la prueba de forma breve y clara y transmitirle tranquilidad, pues se trata de pruebas diagnosticas invasivas, que el paciente puede venir con una idea preconcebida de lo que le han dicho familiares, amigos u otras personas que se la hicieron anteriormente la prueba. Lo que está claro que "cada persona es un mundo" y "cada uno lo vive de forma distinta". No a todos les hace el mismo efecto la premedicación que se le da, no a todos se le realiza terapeútica endoscópica, teniendo en unos casos la prueba una duración mayor que en otras y la experiencia del endoscopista, que es un factor importantísimo también condicionará la experiencia que se vaya a llevar el paciente de dicha exploración.

¿Qué aspectos debe reseñar el enfermero al paciente en lo que se refiere a la prueba? Es recomendable que tranquilice al paciente, informándole de la duración aproximada de la prueba, que para el caso de las endoscopias orales diagnosticas puede ser de aproximadamente 7-10 minutos de media, mientras que las terapeúticas entre 15 y 20 minutos, como mucho.

Si se le va a hacer terapeútica comentarle en un lenguaje que entienda, que es lo que se le va a hacer. Por ejemplo, si lo que vamos a hacer es resecar uno o varios pólipos en estómago, explicarle que se le va a "cortar un pólipo en el estómago", que no le dolerá y que tendrá que poner de su parte, colaborando. Las explicaciones más básicas que debe dar el enfermero al paciente, por ejemplo, serán que "se le va a introducir una gomita fina por la boca para verle el esófago, estómago y duodeno. Previamente le habremos sedado para que esté relajado. Siga las instrucciones del médico, de forma que si le dice que trague saliva, hágalo y manténgase alerta sin moverse. Debe dejar caer por la boca, la saliva que tenga y no tiene sentido tragarla". Hay que comentarle también dos cosas más: que "se le va a introducir aire en el estómago para poder ver bien sus paredes" y por otro lado, que "si hubiera que tomar alguna muestra (biopsia), no le va a molestar ni doler. Solamente sentirá un poco de fatiga cuando le vaya a introducir el endoscopio el médico, las cuales se pasan muy pronto. Puede respirar sin problemas tanto por la nariz como por la boca y, por supuesto, es una prueba indolora".Todas estas instrucciones tranquilizarán al paciente y le permitirá hacerse una idea de lo que va a consistir la prueba que se le van a realizar.

Al paciente, a continuación, se le indicará que tendrá que colocarse en decúbito lateral izquierdo, es decir, de lado, orientado su cuerpo hacia el lado donde se encuentra el terminal del endoscopio y el endoscopista. De esa manera conseguiremos que por gravedad la mayoría del líquido contenido en la cavidad gástrica se vierta hacia la curvadura mayor del estómago, lo que reduce considerablemente el riesgo de aspiración pulmonar del mismo durante la exploración. Para que la cuantía del mismo sea la menor posible, se recomienda que el paciente haya realizado al menos 6 horas de ayunas. Existen casos excepcionales en los que nos vemos obligados a realizar una endoscopia oral con contenido líquido y consiguiente riesgo de aspiración mayor. Se trata de las endoscopias orales de urgencias, que tenemos que realizar cuando el paciente presenta una hemorragia digestiva alta o hay que desimpactar un cuerpo extraño y en el otro caso cuando existe una gastroparesia (parálisis de la motilidad gástrica con reducción del vaciamiento gástrico) o en la estenosis pilórica péptica o neoplásica, en las cuales existe una barrera mecánica al paso del liquido intragastrico, en la desembocadura del estómago hacia duodeno. En estos casos debemos hacer uso del mecanismo de aspiración del endoscopio e intentarnos de ayudar con él.

En otras ocasiones no es posible aspirar el contenido gástrico en su totalidad, por tratarse de elementos formes sólidos o semisólidos que no pueden ser aspirados. En ese caso hay dos opciones, dependiendo del riesgo vital del paciente, si es alto deberemos aspirar todo lo que podamos intentando de evitar que no se obstruya el canal de aspiración, y una vez que tengamos el extremo distal del endoscopio en estómago, intentaremos deslizarnos por curvatura menor hacia abajo para intentar llegar a antro, dejando al lado el contenido liquido alojado en cuerpo gástrico. Una vez conseguido ésto, podremos valorar esta zona y pasar a duodeno, que es donde asientan muchas ulceras sangrantes.

Pero si el riesgo vital es bajo, podemos decidir dado el alto riesgo de aspiración pulmonar existente, si es que no se puede aspirar este contenido, suspender la exploración y dejarla para unas horas más tarde (6-8 horas después), en caso de tratarse de una endoscopia oral urgente, o bien si era una endoscopia reglada, darle una nueva cita a nuestro paciente y realizarla otro día con el estómago en óptimas condiciones de preparación.

Bueno, una vez que ya le hemos explicado bien al paciente en qué va a consistir la prueba, el enfermero procederá a sedarlo. Habitualmente ésta la realizan los enfermeros. En otras ocasiones, como son una unidad de cuidados intensivos, donde el paciente se encuentra intubado, es el médico intensivista el que decide si hay que realizar ajustes en este sentido. En otras ocasiones como endoscopias intraoperatorias, solicitadas por el propio cirujano no es necesario sedar, puesto que evidentemente el paciente ha sido dormido con anestesia general. En clínicas privadas la sedación la realiza un anestesista con monitorización más avanzada. Como veis son distintas situaciones en la que podemos tener a un paciente, aunque la más habitual en los centros públicos es que lo realice el enfermero, que dispone de un monitor que habitualmente marca saturación de oxígeno y frecuencia cardiaca.

Normalmente cuando la saturación del enfermo es inferior a 95 % y sobre todo cuando ésta es inferior a 90% de forma basal solicita al endoscopista poner oxigenoterapia. Si un paciente durante la exploración presentara una bradicardia moderada en torno a 50 latidos por minuto o menos se va poner atropina intravenosa o valorará la suspensión de la misma. Será una decisión personalizada según situación y connotaciones del paciente.

La premedicación que habitualmente se emplea para sedar a los enfermos para la realización de una endoscopia oral no es común en todos los centros. Hay centros que utilizan la Petidina con Diazepam intravenosos asociados. A veces la Buscapina intravenosa se puede asociar a la premediación durante la realización de una endoscopia oral. Se puede utilizar cuando pretendemos eliminar el peristaltismo de las porciones duodenales, especialmente cuando hay que valorar una ulcera sangrante localizada en cara posterior bulbar o post-apical, lo que permitirá al endoscopista valorar estas zonas de forma más detenida y mejor, así como en las colangiografia retrógradas endoscópicas (CPRE), en la que hay que cateterizar la papila.

Sin embargo, la tendencia más habitual es a utilizar el Midazolam. Suele ser suficiente con 2-3 miligramos intravenosos para la endoscopia oral. Por el contrario, en determinados centros, en especial los privados suelen emplear Propofol, el cual presenta un efecto sedante más eficaz que las dos pautas anteriormente descritas, pero con algunos efectos secundarios importantes, que hacen que todo el mundo no lo utilice, como es la desaturación de oxígeno. Aunque el Midazolam también puede producirla, el Propofol tiene la desventaja que no puede revertirse su efecto con Flumazenilo intravenoso, que es el fármaco más habitualmente empleado cuando el paciente sufre una desaturación de oxígeno causada por la premedicación. Una vez administrado los efectos de la premedicación suelen revertirse en poco tiempo (10-15 segundos). Recomendamos que el paciente se encuentre monitorizado durante toda la exploración. Muchos centros además emplean un anestésico tópico en forma de spray o gel, que el paciente ingiere y que suele constituirse a base de Tetracaina, por ejemplo. Por presentar estos últimos este fármaco, recomendamos que antes de aplicar el anestésico local, pregunte el enfermero si es alérgico a algún fármaco, entre ellos éste.

En pacientes con cardiopatía isquémica, la endoscopia oral está contraindicada si el paciente sufrió un infarto de miocardio en el último mes o si está presentando últimamente episodios anginosos recientes, que traduciría inestabilidad de su enfermedad coronaria. Sería recomendable que fuese valorado por el cardiólogo en estos casos. Si se trata, por el contrario, de un cardiópata isquémico estable, lo que habitualmente suelo hacer, siendo consciente que se trata de una exploración invasiva estresante y que en casos excepcionales puede desencadenar un episodio anginoso, le hago saber al paciente que si durante la exploración éste presentara dolor de pecho similar a cuando le da los episodios anginosos que él muy bien conoce, que me levante la mano derecha, al estar en decúbito lateral izquierdo. En ese caso yo procederé a suspender la exploración y valorar la situación del paciente de forma personalizada.

Entrando en lo que es el procedimiento endoscópico como tal, una vez que el enfermero le ha colocado el abrebocas, con mi mano izquierda sostendré el sistema de mandos del endoscopio, que es donde se encuentran los mandos de angulación derecha-izquierda y arriba-abajo. Liberaré si es que están éstos frenados y me aseguraré que "se hizo el blanco", si es que el auxiliar no lo hizo. ¿En qué consiste "realizar el blanco"?. Se trata de introducir el extremo distal del endoscopio en una especie de cilindro, simulando a como si este se encontrara en un cavidad del tracto digestivo y permite ajustar el haz de luz del endoscopio a esas condiciones. Con mi mano derecha, si es que soy diestro, cogeré el extremo distal del endoscopio (la punta del endoscopio) y la dirigiré hacia la boca del paciente.

Con delicadeza, introduciré el endoscopio por la cavidad oral, deslizándome entre la lengua y el paladar duro. Indicaré al paciente que no mueva la lengua, pues si lo hace me dificultará el avance del mismo. Pasaré la úvula o campanilla. Una vez pasada ésta, con un deslizamiento lento llegaré a la zona de hipofaringe, donde visualizaré la epiglotis, que tiene sus movimientos propios de cierre de la vía aérea. Una vez pasado el cartílago crico-aritenoide y el músculo cricofaríngeo con una presión mantenida, pero en ningún momento sin forzar esta área conseguiremos pasar al esófago. Es muy importante que esta zona nos ayudemos, indicándole al paciente que realice varias degluciones, con intención de diferenciar las estructuras y orientarnos por donde debemos deslizar el endoscopio. Este es un momento muy importante, pues en algunos pacientes pueden existir divertículos de tercio superior esofágico (Divertículo de Zenker), que si desconocemos su existencia podemos perforar una vez pasada la boca de Killiam (zona de división entre la hipofaringe y el esófago). Es por ello, que insisto es una zona que debéis entrar con delicadeza y detenimiento. En este paso primero, podemos valorar patologías extradigestivas como es la de evidenciar parálisis de las cuerdas vocales.

Ya en esófago proximal, visualizaremos una mucosa brillante, nacarada, blanco-rojiza, y ondas contráctiles peristálticas que descienden distalmente a lo largo de esófago, coincidiendo con las degluciones del paciente. Cuando se realizan las primeras endoscopias orales, al residente le puede ocurrir que en lugar de meterse por la boca de Killiam para llegar a esófago se meta directamente en la traquea. Si esto ocurriera os va a llamar la atención que el paciente va presentar disnea con bajada de la saturación del monitor, presenta quizás tos y se agita. Además observareis una mucosa blanquecina cuarteada que corresponden con la impronta que hacen los anillos traqueales. En ese caso sacar el endoscopio de esa zona inmediatamente y volver a la hipofaringe. Si el paciente se encuentra mejor pasados unos segundos podéis continuar con la exploración, que suele ser lo más habitual.

Una vez pasada la boca de Killiam, y ya en esófago proximal si ha ido todo bien, seguimos con nuestra mano derecha introduciendo tubo de endoscopio y veremos las imágenes del monitor como avanzamos distalmente por esófago. Llegaremos a esófago medio, que en algunos casos tienen compresiones extrínsecas pulsátiles, ya que corresponde a la impronta que hace la aorta y parte del corazón en esófago. Es conveniente que insufléis bien la luz esofágica para valorar su mucosa y el calibre de la luz esofágica. Si está todo normal, seguiréis descendiendo hasta esófago distal, donde evidenciareis el cardias o línea Z (zona de transición de la mucosa esofágica escamosa con la mucosa gástrica). Es una zona que siempre debéis localizar a la hora de realizar una endoscopia oral. El tubo del endoscopio presenta unas marcas en centímetros que se emplearán para indicar en el informe endoscópico a qué nivel se encontraba alguna lesión o estenosis en el esófago o por ejemplo la línea Z. De hecho cuando entréis en el esófago y observéis alguna lesión, podéis indicar la localización de la misma con respecto a la arcada dentaria, observando cuántos centímetros marca el tubo del endoscopio a nivel del abrebocas. Para que os hagáis una idea aproximada, generalmente cuando a nivel del abreboca tenemos la marca de los 20 cm., prácticamente estaremos en las proximidades de la boca de Killiam; cuando marque los 30 cm. Estaremos aproximadamente en esófago medio, mientras que cuando la marca del endoscopio sea la de los 40 cm., generalmente estaremos en las proximidades del hiato. Estos valores son orientativos, pero van a ser muy útiles a la hora de localizar lesiones e indicar a qué nivel esofágico éstas se hallan e incluso su longitud en centímetros. Son datos que se recomiendan no falten en un informe endoscópico, pues te lo agradecerá su cirujano u otro endoscopista, que lo tenga que revisar endoscopicamente.

Otro aspecto que debéis diferenciar y que es distinto de la línea Z es el hiato o impronta hiatal esofágica, que es la marca que hace en el esófago el diafragma y marca el limite entre la cavidad torácica que suele tener una presión negativa y la cavidad abdominal, que es positiva. De hecho, si la línea Z se encuentra ascendida por encima de lo que consideramos impronta hiatal, diremos que el paciente presenta una hernia de hiato por deslizamiento, algo muy frecuentemente hallado en muchas endoscopias orales. A este nivel podemos encontrar que la línea Z se encuentra muy ascendida e irregular, presentando distalmente el esófago lengüetas de mucosa gástrica ectópica, lo que correspondería a lo que conocemos como esófago de Barrett, el cual siempre requerirá confirmación histológica. Las biopsias tomadas con la pinza de biopsias que se introducirá por el canal de trabajo deberán mostrar metaplasia intestinal, que es la que define actualmente el esófago de Barrett. Si encontráramos esta patología os recomendamos que utilicéis la tinción con azul de Metileno para valorar en qué zonas está indicada la toma de biopsias. Para ello, primero introduciremos un catéter por el canal de trabajo y administraremos el contraste, de forma, que las paredes esofágicas estén bien impregnadas por éste. Posteriormente, se lavara la pared esofágica con agua o suero fisiológico, procediéndose después a la toma de biopsias selectivas, cuya misión es la de tomar muestras para estudio de la displasia epitelial. Recordemos que el esófago de Barrett es una lesión que puede degenerar a un tipo de cáncer (adenocarcinoma esofágico). Si en el deslizamiento por el esófago halláramos una estenosis de su luz, habría que describirla ésta muy bien en el informe, tratando en éste los siguientes aspectos: si afecta los cuatro cuadrantes de la luz esofágica; si impide el paso del endoscopio a su través; si es concéntrica y se visualiza una luz en su centro más reducida de diámetro, cuánto mide ésta; si está ulcerada; si sus bordes son regulares o concéntricos (probablemente benignas, inflamatoria o cicatricial), o por el contrario, son irregulares, gruesos y mal definidos (más probable que sea maligna); si se consigue pasar por la estenosis, medir en centímetro su longitud de acuerdo a las marcas que tiene el endoscopio, tal como explicamos en párrafos anteriores. Es fundamental que todos estos datos hayan quedado reflejado en el informe endoscópico.

Otra de las técnicas terapéuticas que podemos tener que utilizar a nivel esofágico es cuando un paciente sufre una hemorragia digestiva alta por varices esofágicas. En este caso tendremos que realizar una esclerosis de varices esofágicas o bien en su lugar una ligadura de éstas (Banding). Generalmente cuando se dispone de personal auxiliar experimentado se opta por la ligadura de varices, mientras que si la endoscopia oral urgente, el personal que te acompaña no conoce el montaje del sistema de banding se opta por la esclerosis. Ésta última tiene la ventaja respecto a la ligadura que una vez diagnosticadas la varices esofágicas no tienes que sacar el endoscopio para montar el sistema de banding, sino que puedes iniciar directamente la terapeútica endoscópica, empleando las agujas de esclerosis por el canal de trabajo.

Generalmente, por ello, el sistema de banding solemos emplearlo cuando incluimos al paciente en un programa de ligadura de varices, es decir, el paciente se cita periódicamente, cada 15 días por ejemplo, para someterlo a diferentes sesiones hasta que consigamos erradicarlas. En este caso, entraremos con el sistema de banding ya colocado, puesto que conocemos de antemano la presencia de las varices.

Para realizar una esclerosis de varices esofágicas, generalmente si el paciente ya se sabe que tiene una cirrosis hepática con episodios anteriores de hemorragia digestiva varicial, debemos solicitar al médico de observación, que antes de trasladar al paciente a la sala de endoscopia, se tomen las siguientes medidas: tenga cogida una dos vías periféricas buenas o una central con al menos dos luces, reservada sangre (2-3 concentrados de hematíes, que si el paciente está incluido en lista de espera para trasplante hepático, si lo permite la situación de riesgo vital, lo ideal serían concentrados de hematíes lavados, con el fin de no sensibilizar al paciente). Si el paciente tiene además alargamiento de los tiempos de coagulación, tendrá que transfundirle plasma también. No es recomendable remontar la hemoglobina hasta valores de la normalidad si es que el paciente se ha animizado de forma significativa, pues el hacerlo puede llevar a un aumento de la hipertensión portal, con el consiguiente mayor riesgo de recidiva hemorrágica. Otro de los aspectos que recomendamos es que el paciente acuda a nuestra sala con la perfusión de Somatostatina colocada, lo que permitirá bajar la presión portal.

Para proceder a la terapéutica, prepararemos jeringas de 10 cc. con Oleato de Etanolamina al 5%. Estas jeringas se conectarán a la aguja de esclerosis. Una vez realizado esto, tendremos que comprobar que la válvula del inyector que hace que la aguja salga y entre funciona perfectamente. Con la aguja fuera y antes de introducir el inyector en el canal de trabajo del endoscopio comprobaremos que el esclerosante fluye correctamente por todo el sistema inyector hasta ver que éste sale por la punta de la aguja. Comprobado ésto se recogerá la aguja dentro de su funda. El objetivo de la esclerosis es inyectar intravaricialmente el esclerosante, con intención de realizar una hemostasia.

Cuando tenemos un paciente con una hemorragia digestiva varicial, e introducimos el endoscopio, observaremos conforme nos desplazamos a lo largo de éste como observamos que refluye sangre o restos hemáticos desde estómago a esófago. En ese caso recomendamos que aspiremos todo este líquido, con el fin de evitar aspiraciones en un paciente, que además se encuentra sedado. No recomiendo que empleéis en las hemorragias digestivas altas los anestésicos tópicos o locales, pues lo que estaremos consiguiendo es anular el reflejo que le protegerá de evitar aspiraciones.

Podemos encontrar varices esofágicas, que en ese momento están sangrando activamente o bien evidenciemos la presencia de un botón de fibrina en alguno de los cordones varicosos, probable lugar donde se produjo el sangrado. En el primer caso, no nos debemos angustiar y sí mostrarnos pacientes a la hora de aplicar la terapéutica, dado que la mayoría de los sangrados variciales hay momentos en los que deja de sangrar durante el tiempo que estamos realizando la endoscopia, de tal manera que debemos esperar nuestro momento de forma paciente en el que la visibilidad sea mejor.

Mientras se espera ese momento, que habitualmente pueden ser de algunos minutos, podemos ir aspirando la sangre que se vaya produciendo y en los momentos que veamos bien la zona donde se encuentran las varices sangrando, con buena insuflación, deberemos de valorar cuántos y cómo son esos cordones varicosos. Constataremos su número, qué localización tienen, los que son de mayor calibre, si se aplanan con la insuflación, si presentan puntos rojos y cual es la extensión longitudinal de los mismos, es decir, desde que punto con respecto a la arcada dentaria comienzan los cordones varicosos, que como sabemos, generalmente llegan hasta cardias y en algunos casos lo sobrepasan, conformando las llamadas varices gástricas o fúndicas.

Una vez que tengamos ya valorado todos estos aspectos y habiendo revisado previamente el estómago y duodeno, con el fin de descartar otras posible lesiones mucosas potencialmente sangrantes, indicaremos al enfermero que tenga todo preparado para iniciar la terapeútica. El enfermero nos dará el sistema inyector. Introduciremos el extremo distal de éste (donde se localiza la aguja) por el canal de trabajo del endoscopio, una vez que se haya comprobado que el esclerosante fluye bien por todo el sistema. Previamente habremos colocado el extremo distal del endoscopio en tercio distal esofágico. Cuando observemos en el monitor que aparece el extremo distal del inyector, indicaremos al enfermero que saque la aguja y la resguardaremos en el canal de trabajo. Tendremos que decirle al paciente que respire más profunda y lentamente para poder trabajar mejor. De esa manera cuando la punta del endoscopio tenga enfrentado el primer cordón varicoso a esclerosar sacaremos la punta del inyector, que tendrá la aguja sacada e inyectaremos el esclerosante normalmente de centímetro cúbico en centímetro cúbico. Un signo indicador de que se está realizando bien la esclerosis de ese cordón es que se hincha conforme le inyectamos. Este procedimiento lo haremos con el resto de cordones varicosos que presente el paciente, que habitualmente suele oscilar entre 3 y 5.

Si observáramos que existe un botón de fibrina, no deberemos inyectar ni justamente en él ni por encima de él, pues conseguiríamos un efecto negativo (iatrogénico), ya que generaríamos a ese nivel una ulceración en las próximas horas que podría condicionar una recidiva hemorrágica muy severa. Por ello, os aconsejo que en este caso pinchéis por debajo de ella. Recordad que la sangre que fluye por las varices es venosa y retorna hacia el corazón retrógradamente, por lo que hay que pinchar más distalmente a este punto y efectuar la esclerosis por debajo de ella.

El banding es distinto y se basa en un dispositivo en forma de cilindro de plástico duro de 3-4 cm. de longitud y 2 cm. de diámetro, aproximadamente, en el cual se encuentran enrolladas las bandas. Este cilindro lo colocaremos en el extremo distal del endoscopio. En la zona de mandos del endoscopio se conecta una especie de llave giratoria, que al girarla vamos a conseguir desprender una de las 6 bandas que habitualmente suele tener este sistema. Si repetimos este movimiento podremos liberar las 5 restantes. Está basado en la aspiración de los cordones varicosos, de forma que cuando el cordón esté lo suficientemente aspirado, giraremos esa llave que disponemos en los mandos del endoscopio, lo que permitirá que el cordón sea neutralizado y deje de sangrar. Es una técnica que tiene muy pocas complicaciones y depende de un personal auxiliar que te ayude a colocar el sistema de banding.

Es conveniente que intentemos valorar si el paciente tiene varices gástricas. Por ello, deberemos continuar la exploración pasando a estómago, el cual en caso de hemorragias digestivas alta su curvatura mayor suele estar repleta de restos hemáticos si la hemorragia ha sido severa y en otros será de menor cuantía. Las varices gástricas pueden ser tratadas con un pegamento denominado Bucrilato.

Una vez que pasamos a estómago, con el extremo distal mínimamente sobrepasando cardias, debemos ver generalmente a la izquierda del monitor la curvatura mayor caracterizada por la presencia de pliegues gástricos longitudinales y a nuestra derecha una especie de pendiente marcada de superficie mucosa más lisa, que constituye la curvatura menor. Esta zona es por la que tenemos que deslizarnos con el endoscopio y no irnos a la curvatura mayor en las situaciones de hemorragia digestiva, donde además de encontrar abundante líquido, generalmente no nos va a permitir desplazarnos caudalmente hacia segmentos más distales de estómago.

Deslizándonos por la curvatura menor dejando habitualmente los restos hemáticos a la izquierda en el monitor, nos dirigiremos al antro gástrico, zona de estómago donde desaparecen los pliegues gástricos, y que habitualmente no suele presentar restos hemáticos. Una vez llegado aquí en la parte superior del monitor veremos la incisura angularis. Ésta última y la curvatura menor son zonas que debemos valorar cuidadosamente en caso de hemorragias digestivas no variciales, ya que puede asentar ulceras o lesiones mucosas sangrantes que pueden pasar desapercibidas. En el fondo del antro visualizaremos el orificio pilórico, que si bien muchas veces se ve abierto, en otras se encontrará cerrado y tendremos que esperar el momento a que se abra o a hacer cierta presión con la punta del endoscopio para superarlo y pasar a la porción duodenal.

Una vez pasado píloro y ya en duodeno, entraremos en una zona llamada bulbo o primera porción duodenal. Esta zona es muy importante que la valoréis bien, puesto que es donde asientan muchas úlceras sangrantes. Por ello, debéis situar la punta del endoscopio nada más entrar en la zona bulbar y debéis desde aquí valorar las cuatro caras que tiene en el sentido horario si comenzáramos por las 12: la superior, la posterior (esta debéis valorarla bien, pues la vista es oblicua, y debéis ayudaros aproximando hacia vuestro pecho el mando del endoscopio, que estáis sujetando con la mano izquierda), la inferior y la anterior. Las ulceras que debéis esmeraros en hacer una buena terapeútica son aquellas situadas en la cara posterior de bulbo y las localizadas en estómago en cara posterior de cuerpo gástrico alto. ¿Por qué os digo esto? Porque el vaso arterial que puede estar implicado en las ulceras bulbares de cara posterior puede ser la arteria gastroduodenal o algunas de sus ramas y en las de cara posterior de cuerpo gástrico alto, la arteria gástrica izquierda, vasos arteriales de grueso calibre, con alto riesgo de recidiva hemorrágica, incluso con aplicación de terapeútica endoscópica .

Una vez valorado el bulbo, pasaremos a la segunda porción duodenal. Para ello tendremos que superar una angulación anatómica que generalmente lo conseguimos girando los mandos del endoscopio hacia la derecha y hacia arriba o bien aproximando el mando del endoscopio hacia nosotros y hacia la derecha. Observaremos una vez conseguido esto, un asa intestinal caracterizada por una sucesión de válvulas conniventes y una mucosa tapizada por vellosidades intestinales. Normalmente no suelen existir lesiones mucosas a este nivel, pero sí es una zona donde pueden asentar lesiones angiodisplásicas. También podremos ver en algunos casos la papila o ampolla de Vater cuando nos encontramos aquí.

Si lo que causa el sangrado digestivo es una angiodisplasia situada en la 2ª porción duodenal, el tratamiento de elección suele ser tratarlas con argón-plasma coagulación (APC) y si no se dispone de esta técnica la segunda alternativa es esclerosar el vaso con una aguja de esclerosis.

Las terminales que permiten realizar un tratamiento con APC, son terminales que cuentan también con fuentes de corte. Son terminales que van a disponer de varios tipos de programas, que combinan diferentes intensidades de corte y coagulación. Estas pueden quedar memorizadas por la terminal, de tal manera que vamos a poder realizar cortes o resecciones de lesiones mucosas, generalmente pólipos con un programa u otro dependiendo del tamaño de la lesión y el grosor de su pedículo. Por su parte el terminal que además de esta fuente de corte dispone de APC, ésta se caracteriza por una bombona, que contiene gas argón. A esta fuente tiene que estar conectada una sonda de APC, que aplicará el tratamiento sobre la angiodisplasia, así como un pedal que se colocará en el suelo, el cual apretaremos cuando queramos realizar la quemadura sobre la lesión vascular. El flujo de este gas y la intensidad en wattios podemos modificarla según el tipo de lesión y la profundidad de la quemadura que deseemos producir.

Una vez localizada la angiodisplasia intestinal y enfrentada con la punta del endoscopio, introduciremos la sonda de APC a través del canal de trabajo. Cuando asome ésta en el monitor, aproximaremos la punta de la misma a 1-2 mm. de la lesión, sin contactar con ella. En ese momento pisaremos el pedal cada vez que queramos realizar la quemadura de una parte de la angiodisplasia. Se puede hacer de dos formas: realizando una pasada de la sonda de APC sobre la lesión al mismo tiempo que pisamos el pedal, siendo la morfología de la quemadura habitualmente una línea recta. La otra forma es hacerlo de forma puntual, realizando quemaduras puntiforme de la mucosa (punto por punto), en lugar de pasadas. Debemos recordar que cada cierto tiempo debemos aspirar el gas que existe en la luz digestiva, pues si no lo hacemos corremos el riesgo de que se produzca un estallido en una de las aplicaciones.

Otra causa de hemorragias digestiva son las ulceras pépticas (gástricas o duodenales). Debemos conocer la clasificación de Forrest, pues debemos hacer constancia de ella, cada vez que vayamos a realizar el informe endoscópico. Esta clasificación nos informa de si se trata de una hemorragia activa (

Forrest Ia: hemorragia en chorro o "en jet"; Forrest Ib: sangrado babeante; el riesgo de recidiva en ambos es alto, siendo respectivamente de un 55 % y 50 %, respectivamente); otra posibilidad es que se trate de una hemorragia reciente con 3 estadios (Forrest IIa: úlcera con vaso visible; Forrest IIb: úlcera con coágulo adherido y Forrest IIc: úlcera con macha plana oscura; el riesgo de recidiva de estos estadios es respectivamente de 43 %, 22 % y 7 %) y finalmente cuando no hay signos de sangrado (úlcera con base fibrinada, la cual tiene una tasa de recidiva de un 2 % nada más).

Es por ello, por lo que cuando veamos una ulcera sangrante Forrest Ia, Ib y IIa debemos proceder a tratamiento esclerosante sin dudarlo. Cuando tengamos un Forrest IIb, deberíamos a mi juicio proceder al lavado de la ulcera con agua o suero fisiológico. Para ello, tendremos que aplicar sobre ese coagulo agua a presión para valorar si ese coagulo adherido es estable o no. Si no se desprende tras varias aplicaciones de agua a presión y el color de coagulo es rojo oscuro o negro, probablemente no aplicaría tratamiento endoscópico en ese momento y revisaría al paciente endoscópicamente en la próximas 24 horas por si este se ha desprendido y pasa a un Forrest I o IIa, en ese caso lo trataría con esclerosante o clip hemostático. Si por el contrario es ya un Forrest IIc o mantiene el Forrest IIb, sin criterios clínicos de sangrado (normalización de la urea o en descenso, estabilización de la hemoglobina y sin signos de sangrado macroscópico) no le aplicaría tratamiento endoscópico.

Otra posibilidad es que este coagulo al lavarlo en esa primera endoscopia diagnostica se desprenda, pudiendo ocurrir dos opciones: que se ponga a sangrar activamente, pasando a un Forrest I o bien exponga un vaso visible (Forrest IIa). En ambos tendría que someter a tratamiento endoscópico al paciente.

En caso de decidir que hay tratarlo, podemos utilizar un esclerosante tales como el Toxiesclerol o Polidocanol al 1% asociado o no adrenalina al 1:10000, dependiendo de si el paciente es cardiópata isquémico o no. Si lo fuese la adrenalina estaría contraindicada y sólo emplearíamos el esclerosante. Si podemos aplicar la terapia combinada, lo primero que suelo emplear es la adrenalina al 1:10000, la cual se prepara asociando 9 centímetros cúbicos (cc.) de suero fisiológico con 1 cc. de adrenalina, que es el volumen que suele tener la ampolla de ésta. Una vez cargada la jeringa, la conectaremos al sistema inyector, comprobaremos que fluye por éste de forma adecuada y que la aguja sale y entra perfectamente. Realizado ésto, y enfrentada la punta del endoscopio sobre la úlcera sangrante, se introducirá el sistema inyector por el canal de trabajo y cuando en el monitor veamos su punta, indicaremos al enfermero que saque la aguja. Con la aguja fuera, se inyectará en su centro hasta comprobar que deja de sangrar, o si no estaba sangrando (a partir de Forrest II) pincharemos en la proximidad del vaso visible, no en él siempre que lo podamos evitar, dado el riesgo de isquemia que esto puede conllevar, en especial en pacientes que se encuentran inestables hemodinamicamente. Con este tratamiento ejercemos sobre el vaso sangrante una hemostasia doble (por formación de habones que comprimirán extrínsecamente el vaso y por la vasoconstricción secundaria de esta área mucosa). Pero debemos recordar que este efecto es transitorio y no es eficaz si no lo asociamos a un tratamiento esclerosante.

El esclerosante que habitualmente empleamos como os comenté anteriormente es el Toxiesclerol o Polidocanol al 1%. La ampolla que habitualmente disponemos en los departamentos de endoscopia cuenta con 2 cc. y presenta una concentración del 2%. Aunque se pueden emplear a esta concentración, yo os recomiendo que lo diluyais al 1%. Para ello, asociareis a los 2 cc. de polidocanol que tiene la ampolla, dos centímetros cúbicos de suero fisiológico, que con eso suele ser suficiente para la terapeútica. Lo que habitualmente suelo emplear para el tratamiento de las ulceras pépticas sangrantes suele ser 1-3 cc. de adrenalina, siempre que el paciente no presente coronariopatía y 2-3 cc. de polidocanol. Una vez cargada la jeringa con el esclerosante, como el sistema inyector ya se encuentra en el canal de trabajo, al haberse aplicado previamente la adrenalina, quitaremos la jeringa que contiene ésta y la sustituiremos por la del esclerosante. Le indicaremos al enfermero que saque la aguja y aplicaremos sobre la ulcera la dosis de esclerosante que consideremos conveniente. En cuanto a los cordones varicosos esofágicos sangrantes, generalmente suelo aplicar 1-3 cc. por cordón varicoso, no debiendo de sobrepasar más 12-13 cc. de Oleato de Etanolamina al 5% en total.

Si no se consigue la hemostasia de una ulcera sangrante con estas dosis, os recomiendo una vez intentada ésta, el empleo de los clips hemostáticos. Los clips hemostáticos consisten en sistemas muy parecidos a los sistemas inyectores empleados en la terapeútica endoscópica. En el extremo proximal cuenta con un sistema que controla el enfermero y que permite abrirlo. Mientras que el extremo distal cuenta como una especie de pinza de mayor tamaño que las que utilizamos para realizar biopsias y que el enfermero puede abrir más o menos. Cuando tenemos la punta del endoscopio enfrentada sobre la ulcera se introducirá el catéter que contiene el clip hemostático. Le indicaremos al enfermero que lo abra. Una vez abierto, los dos extremos metálicos que conforman la pinza del clip se colocarán en la zona donde consideremos asienta el vaso responsable del sangrado. En ese momento ordenaremos que se cierre el clip, quedando éste fijado. Si no hemos conseguido la hemostasia con uno podemos intentar la colocación de un segundo.

Hay un parte del estómago que no deberemos salirnos de éste sin haberla valorado y es la zona infracardial y fúndica del estómago. Para ello, utilizaremos la técnica de la reprovisión o retroversión del endoscopio, cuando nos encontremos en retirada en la zona de antro gástrico. Esta maniobra consiste en direccionar la punta del endoscopio hacia arriba. Generalmente no conseguiremos una visión óptima si no insuflamos previamente la cavidad gástrica con bastante aire. Una vez que el extremo distal se encuentra en esta posición deberemos traccionar el endoscopio con la mano derecha, si somos diestros, sacando tubo. Esto nos permitirá ascender la punta del endoscopio hacia segmentos altos o más proximales de estómago y valorar así la zona fúndica o infracardial. Es el momento de valorar si a este nivel existen más lesiones ulceradas o varices gástricas.

En otras ocasiones, esta zona no puede valorarse por presentar contenido líquido en curvatura mayor que nos impide una correcta visualización de este segmento. En ese caso manteniendo la retroversión procederemos a aspirar si se puede la mayoría de este contenido líquido. En otras, por el contrario, ni siquiera la aspiración te puede ayudar, debido a la presencia en la zona fúndica de un gran coágulo de sangre rojo u oscuro que no te permite valorar la mucosa subyacente. En ese caso, se intentará aspirar todo lo que se pueda, pero sabiendo que dicha aspiración puede ser responsable de que se nos obstruya el canal de aspiración por algunos coágulos de menor diámetro, no pudiéndose completar una buena visibilidad. En ese caso nos quedaría la opción de una vez valoradas las distintas partes de estómago que han sido bien vistas como antro, bulbo, incisura angulares, curvatura menor y parte de cuerpo gástrico indicamos en el informe endoscópico, en el cual uno debe mostrar la mayor sinceridad posible, que esta zona fúndica no pudo ser valorada por ocupación de la misma por un gran coagulo.

Otra de las técnicas terapéuticas que podemos realizar en endoscopia son las dilataciones endoscópicas. Existen diferentes métodos para proceder a dilatación de zonas estenóticas, habitualmente localizadas en esófago, desde estenosis péptica a nivel cardial a estenosis malignas por carcinoma epidermoides estenosantes de esófago. Disponemos de los balones hidroneumáticos, los cuales al hincharse van dilatando la estenosis, así como los Savary-Guilliard, que son sistemas de dilatación cuyo diámetro se va ensanchando progresivamente conforme lo desplazamos a través del hilo-guía. Y por ultimo, tenemos las bujías metálicas, que son como un juego de distintos cilindros, cada uno de los cuales tienen diferente diámetro medio, de forma que los hay más finos y de manera progresiva con pasadas de bujías de distinto diámetro iremos realizando la dilatación de forma progresiva.

La dilatación con balones hidroneumáticos es bastante sencilla y permite visualizar la dilatación en el monitor, a diferencia de las otras modalidades de dilatación. Existen distintos tipo de balones, cuyo diámetro varia oscilando de 10, 15 y 18 milímetros y habitualmente solemos usar los que tienen una longitud de 5 centímetros. Se suelen insuflar de acuerdo a la presión que te indique el balón que hayas escogido, que normalmente se mide en psi (unidad de presión), y se mantiene inflado durante ciclos de 1 minutos de duración, que se repetirán hasta que se obtenga el resultado deseado. Normalmente el paciente puede requerir distintas sesiones dilatadoras. No precisa el empleo de sala de rayos.

La dilatación con los Savary y la de las bujías metálicas, requiere el empleo de un hilo-guía, que es un catéter fino metálico, caracterizado por tener una punta flexible y articulada atraumática. Para su empleo, introducimos primero el endoscopio hasta llegar a la estenosis esofágica en cuestión. A través de su luz introducimos el hilo-guía, que previamente se habrá introducido por el canal de trabajo del endoscopio para llegar ahí. Una vez que con destreza hayamos pasado la estenosis y con control radiológico situaremos la punta del hilo-guía en estómago. Una vez realizado esto, retiraremos el endoscopio, dejando el hilo-guía en su sitio, sin movilizarlo. Esta es la operación más importante en la dilatación, que es la de la retirada del endoscopio sin que se movilice de forma significativa la punta del hilo-guía de donde originariamente la dejamos cuando empezamos a retirar el endoscopio.

Si esto se consigue con éxito, lo demás es más fácil. Si el dilatador de que disponemos es un Savary, una vez fijado el hilo-guía en un punto estático a nivel de su parte proximal (normalmente lo fija el enfermero), introduciremos dicho extremo proximal del hilo-guía a la punta del Savary, la cual dispone de un orificio por el cual se puede introducir el hilo. De manera sutil, deslizaremos el savary sirviendo este hilo-guía de guía para llegar a esta zona de estenosis esofágica. Previamente habremos lubricado el savary. La misma operación se realizará con las bujías metálicas, empezando por la de menor diámetro. De esa manera, llegaremos a un punto donde encontramos cierta resistencia, por lo que aplicaremos cierta presión para irla dilatando y una vez realizado esto los sacaremos dejando siempre el hilo-guía en su sitio. Y así de manera sucesiva se irá realizando nuevas dilataciones con bujías metálicas o Savary de cada vez mayor diámetro. Cuando se finaliza la dilatación o hay sospecha que el hilo-guía se haya movilizado, podremos entrar de nuevo con el endoscopio para valorar el resultado de las dilataciones o para comprobar que el hilo sigue en su sitio o hay que recolocarlo de nuevo.

La polipectomia es otra de las técnicas que se puede realizar en la endoscopia oral. Como ya comentamos, necesitamos una fuente de corte con distintos programas de intensidad y con terminales que cuenta con dos pedales, uno encargado al pisarlo de realizar el corte y otro que al pisarlo coagula. Dependiendo del tamaño del pólipo y del grosor de su pedículo se utilizarán potencias e intensidades distintas, que serán mayores cuantos mayores sean las dimensiones del pólipo.

Existen distintos tipos de pólipo: los sesiles, que carecen de pedículo y disponen de una base de implantación más amplia. Cuando son menores de 1 cm. se pueden quitar con pinza de biopsias si son milimétricos o bien con pinza de diatermia o caliente de Williams si son un poquito más grandes. Estos pólipos generalmente para quitarlos con estas herramientas, lo que se hace es que se introduce la pinza por le canal de trabajo del endoscopio y cuando vemos en el monitor que aparece, indicamos al enfermero que abra la pinza. Esta pinza lleva conectada la terminal de fuente de corte, de tal manera que cuando tenemos cerrada ya la pinza y ya cogido el pólipo se pisa con el pedal durante un par de segundos, generalmente con el de coagulación suele ser suficiente. Observaremos que la superficie mucosa del pólipo se tornará blanquecina, perdiendo su color rojo brillante, de tal manera que cuando observemos ese detalle se deja de pisar el pedal de termocoagulación y traccionaremos hacia nosotros de la pinza, llevándonos el pólipo. Al ser pólipos pequeños, manteniendo la pinza cerrada se sacará ésta y el enfermero en ese momento dispondrá de un recipiente con formol donde se introducirá el pólipo resecado, listo para analizar por el patólogo.

Cuando el pólipo es sesil, pero su tamaño es mayor a 1 cm., la pinza puede ser insuficiente para su resección completa, por lo que podemos optar por levantar el pólipo con una inyección en su base con suero fisiológico y posteriormente realizar la resección con un asa de polipectomia. El hecho de aplicar con un sistema inyector suero fisiológico en su base va a permitir separar la mucosa de la muscular, bajando enormemente el riesgo de perforación. Para ello, nos preparará el enfermero un sistema inyector al que se conectará una jeringa con 5-10 cc. de suero fisiológico, que una vez pasada por el canal de trabajo, indicaremos que saque la aguja. Generalmente solemos inyectarlo en la parte más proximal del pólipo, inyectando inicialmente de 0.5-1 cc. nada más pues quizás en algunos casos puede ser suficiente. Una vez realizado ésto, retiraremos del canal de trabajo el sistema inyector e introduciremos un asa de diatermia cerrada.

Ya en la zona del pólipo la abriremos y procederemos a la resección del pólipo. Normalmente para polipectomias de un diámetro inferior a 1 cm., en paciente jóvenes, sin patología previa relevante sin antecedentes de hepatopatía y sin toma de antiagregantes, anticoagulantes orales o antiinflamatorios no precisaremos generalmente de un hemograma o coagulación reciente del paciente. Esto no debe faltarnos antes de realizar una polipectomia cuando se trate de pólipos de gran tamaño (superiores a 1-1.5 cm.), en paciente mayores (más de 65 años) o con hepatopatías. Lo recomendable es disponer de estos parámetros antes de realizar una polipectomia, pues si por casualidad estuvieran alterados las plaquetas o los tiempos de coagulación podríamos estar realizando yatrogenia innecesariamente y podrían demandarnos.

Otro tipo de pólipo es el pediculado o semipediculado, que como se debe quitar es con asa de polipectomia. Emplearemos también la fuente de corte, con una intensidad y potencia mayor cuanto mayor sea el tamaño y el pedículo del pólipo. Para realizar un polipectomia de forma adecuada, lo más importante es asegurarnos que tenemos el endoscopio bien colocado y no en una situación o posición inestable. Esto ocurre especialmente en las colonoscopia cuando tenemos apoyado el endoscopio sobre una angulación anatómica, que nos hace más inestables. Una vez que tenemos el pólipo encarado con la punta del endoscopio, el segundo paso es situarlo en la parte basal de monitor, lo que nos permitirá enlazarlo con el asa de manera segura y óptima. Esto lo conseguiremos girando el tubo del endoscopio sobre sí mismo los grados que consideremos adecuados o movilizando los mandos del endoscopio de forma que lo consigamos.

En ocasiones puede ser preciso que nos fije el giro que tenga el endoscopio el auxiliar, lo que nos permitirá centrarnos en realizar la resección. Conseguido esto sacaremos el asa, la abriremos y procederemos a enlazar con delicadeza el pólipo. Una vez hecho esto, le indicaremos al enfermero que la vaya cerrando de forma muy progresiva y lentamente, pues no habría cosa peor que le puede pasar a un endoscopista, y es que se cierre el asa antes de tiempo, sin tener la ocasión de poder administrar la descarga con la fuente de corte de forma gradual. Si eso te ocurre se puede generar una situación crítica como es una hemorragia digestiva alta severa, al haberse efectuado la polipectomia antes de tiempo. Si el enfermero lo realiza como hemos indicado, de forma gradual y lenta llegará un momento en que notará una cierta resistencia. El asa debe quedar localizada al cerrarse entre la cabeza del pólipo y el extremo más distal del pediculo. En ese momento, el endoscopista pisará el pedal de coagulación antes de que empiece el enfermero a cerrar más el asa. Dada estas primeras dosis de electrocoagulación, se le indicará al enfermero que vaya cerrando el asa. Se le irán dando pequeños toques de coagulación alternantes hasta que finalmente cierra completamente el asa y consiguiéndose, de esta forma, el corte del pólipo, que muchas veces salta al ser cortado. En pedículos gruesos puede ser interesante alternar el pedal de coagulación con el de corte de vez en cuando.

Una vez cortado el pólipo, deberemos localizar donde haya caído y lo intentaremos recuperar con la misma asa de polipectomia con la que lo cortamos. En otras ocasiones hay que echar mano de una cesta de Dormia o pinzas de agarre de 4 patas. Como el pólipo no se puede introducir por el canal de trabajo, por ser su diámetro mayor que éste, en esta ocasión tendremos que sacar el endoscopio con el dispositivo que hayamos utilizado para la recuperación del pólipo dentro de su canal de biopsias. Una vez extraído el endoscopio depositaremos el pólipo en un recipiente con formol.

Otra de las terapeúticas endoscópicas que el endoscopista tiene que dominar, es la de la impactación alimenticia o extracción de cuerpos extraños del tracto digestivo superior. Muchos de los avisos recibidos por los endoscopistas de guardia se basan en esto. Pueden ser consecuencia de estenosis peptica cardial, neoplasias esofágicas estenosantes, ingesta de cuerpo extraño por tratarse de un paciente con trastorno psicológico o demenciado, o incluso niños que ingieren accidentalmente un cuerpo extraño. En otras ocasiones, es por un trastorno de la motilidad esofágica. Y hay un aspecto como son la ingesta de cuerpos extraños que contienen drogas o psicotropos, los cuales se ingieren para intentar pasarlas por aduanas.

Cuando tegamos un paciente que nos avisan para extraer un cuerpo extraño, si se trata de un cuerpo no punzante ni cortante (trozo de carne, una habichuela, guisante) recomendamos que indiqueis al medico de guardia que lo lleva, que le administre previamente una ampolla de Bromuro de Butilescopolamina (Buscapina) y otra de Diazepam intravenosos asociadas. En muchos casos, la impactación se va a resolver espontáneamente, de forma que evitaremos tener que realizar una endoscopia oral urgente en ese momento, citándolo de forma preferente para estudio ambulatorio. En otras ocasiones no se autolimita. En ese caso, después del que el paciente o su tutor firme el consentimiento informado, sedaremos el paciente y le pondremos anestésico tópico local para que tolere mejor la exploración. A continuación le colocaremos su abrebocas.

Una vez realizado esto, introduciremos el endoscopio, de forma que cuando lleguemos a la boca de Killiam, la pasaremos como sabéis muy despacio, pues el cuerpo extraño podría estar localizado en tercio superior esofágico. Generalmente, una vez que entras en esófago ves que el paciente al no bajar a estómago las secreciones salivares existe contenido líquido, que os recomiendo lo aspiréis. Os delizareis lentamente hacia abajo, intentando de localizar el cuerpo extraño. Una vez localizado, valorareis sus características (color, grado de ocupación de la luz por éste, consistencia, en ocasiones empleando la pinza de biopsias y si está fragmentado o es un entidad forme única). Habrá que valorar si existen contracciones esofágicas peristálticas, por si subyace un trastorno motor esofágico. Es conveniente que lo movilicéis discretamente con la punta del endoscopio, para ver si se desimpacta fácilmente. En caso de observar que este se moviliza distalmente y no se trata de un cuerpo extraño punzante, se puede desplazar con la ayuda de la punta del endoscopio, con una presión controlada y prudente hacia el estómago para ver si cae en la cámara gástrica.

Una vez valorado esto, si la impactación es firme, indicareis a la enfermería que os de el asa de polipectomia, que es la que habitualmente utilizamos para extraer los cuerpos extraños. Una vez la punta de la misma asome en el monitor, le indicaremos al enfermero que abra el asa. Ya ésta abierta, intentaremos colocar el extremo más distal de ésta en el receso virtual, que existe entre la pared esofágica adyacente y el cuerpo extraño propiamente dicho. Movilizaremos el catéter del asa, de forma que el asa intente abrazar el cuerpo extraño lo máximo que podamos. Una vez que el asa abierta abarca la mayor área posible del cuerpo extraño, con el catéter incluso, intentaremos de presionar a nivel de donde se encuentra el extremo proximal del asa entre la luz esofágica y el cuerpo extraño para introducirla más y abrazarlo mejor. De esta forma, intentaremos que el asa abarque el cuerpo extraño lo máximo posible, incluso en la porción del mismo que está más impactada. Será entonces el momento de cerrarla y ver si lo tenemos agarrado de forma consistente.

Si es así, agarraremos el catéter del asa a nivel de su salida por el canal de trabajo y sin soltarlo, iremos sacando el endoscopio lentamente. Cuando el cuerpo extraño se encuentre a nivel de la boca de Killiam, notaremos una cierta resistencia. Es normal. Seguid sacando el endoscopio y finalmente conseguiréis la extracción del cuerpo extraño sin problemas.

Si se trata de un objeto punzante, entonces está totalmente contraindicado poner buscapina o Diazepam intravenosos, para evitar cambios en el peristaltismo esofágico. En ese caso, podemos emplear pinzas de biopsias para sacar espinas o trozos de huesos punzante. Otras veces, puede ser que nada más introducir el endoscopio se deslice caudalmente y caigan fácilmente a estómago. En caso de tratarse de un objeto punzante de gran tamaño, podemos proteger la mucosa esofágica cuando vayamos a realizar la retirada del mismo con pinzas introducidas por el canal de trabajo, que serán las que agarrarán al cuerpo extraño y con una especie de goma protectora en forma de "capuchón" que previamente deberíamos haber fijado con un hilo a la punta del endoscopio. Esta goma protectora, que podemos emplear puede ser la misma que emplean los balones de Sengtacken empleados para el control hemostático del sangrado de las varices esofágicas. Podemos cortarlo y fijar uno de sus extremos a la punta del endoscopio. De esta manera podríamos sacar el cuerpo extraño sabiendo que no vamos a dañar la mucosa.

Es conveniente que la endoscopia oral urgente por impactaciones alimenticias, la endoscopia la realicemos en las primeras horas del acontecimiento, debido a que si lo hacemos por ejemplo trascurridas más de 12 horas, ese bolo alimenticio se encontrará macerado y de consistencia más blanda. Es decir, cuando intentemos cogerlo con el asa se deshará y se fragmentará. Además tiene otro handicap, que se adaptará como un molde a la luz esofágica en la que se encuentra impactado, lo que nos dificultará enormemente el poder situar de manera eficaz el asa de extracción entre la luz y el cuerpo extraño. Además, la movilización espontánea hacia tramos distales con el endoscopio os aseguro que no será posible tampoco.

Otros accesorios que podéis emplear para la extracción de cuerpos extraños es la cesta de Dormia. Otras veces cuando el asa no permite agarrarlo se puede utilizar el cilindro de plástico que utilizamos para el banding o ligadura de varices esofágicas. Se basaría en ajustar una vez colocado este cilindro en aplicar con el botón de aspiración una presión negativa a éste, y manteniendo ésta de forma continuada intentar traccionar cuerpo extraño impactado en su parte más próximal. En algunos casos nos puede sacar de una situación difícil.

Puede ocurrir que un cuerpo extraño se encuentre localizado en la misma boca de Killiam (una concha de almeja, una espina) y con los movimientos deglutorios continuos del paciente no nos permita poder cogerla con pinza o asa. En ese caso tendremos que avisar al otorrino de guardia para que lo realice con anestesia general.

Cuando os avisen para la realización de una endoscopia oral urgente en un paciente que ha ingerido psicotropos ilegales (droga) que normalmente éstos ingieren por la boca. Debéis aseguraros que el paciente viene custodiado por los agentes de la autoridad, ya que cuando vayáis a proceder a la extracción de estas bolas de droga con el asa o una cesta de Dormia, ellos deben presenciar la endoscopia que realicéis. De esa manera tendréis testigos oficiales del número de bolas que hayáis extraído.

Si os avisan para que hagáis la endoscopia y no hay agentes de la autoridad acompañándole, le indicareis al médico de urgencia, responsable del paciente, que tendrá que avisar a los agentes de la autoridad para que presencien la realización de ésta. Si el paciente, aunque esté acompañado por ellos, se negara a firmar el consentimiento informado, deberéis notificar este hecho al juez de guardia para que os autorice a realizar la endoscopia oral o colonoscopia si las bolas de drogas se las introdujo por el ano. Si no os autorizara el juez, no deberéis realizarla.

REFERENCIAS BIBLIOGRÁFICAS

Laine L. Acute and chronic gastrointestinal bleeding. En: Sleisenger MH, Fordtran JS, eds. Gastrointestinal and liver diseases. Filadelfia: WB Saunders Company, 1998; 620-673.

Miño G, Jaramillo JL, Galvez C et al. Análisis de una serie general prospectiva de 3270 hemorragias digestivas altas. Rev Esp Enf Dig 1992; 82: 7-15.

Fleisher D: Endoscopio therapy of upper gastrointestinal bleeding in human. Gastroenterology 1986; 90: 217-34.

CAPÍTULO 4

COLONOSCOPIA DIAGNOSTICA Y TERAPEÚTICA

Dr. Fernando M. Jiménez Macías

La colonoscopia es una técnica que hoy en día está en auge, en especial por la creación de los programas de screening de cáncer de colon, que están haciendo que muchas personas asintomáticas, sin síntomas previos digestivos como pueden ser cambio del hábito intestinal, rectorragias, dolor abdominal, síndrome constitucional o anemias ferropénicas se sometan a esta exploración, lo que va a permitir el hallazgo de lesiones mucosas epiteliales en colon de forma precoz. Muchos de ellos lo único que cuentan en su petición es que presentan antecedentes familiares de primer o segundo grado con cáncer de colon.

En otros casos esta prueba es pedida debido a la presentación de alguno de estos síntomas anteriormente reseñados. Las lesiones que nos podemos encontrar oscilan desde unas hemorroides internas congestivas causantes del sangrado a verdaderos adenocarcinomas de colon.

En esta prueba destacamos varios aspectos. Por un lado, que para su realización el colon tiene que estar limpio o bien preparado. Para ello, los paciente el día antes de la exploración van a tomar unos preparados, con nombres comerciales conocidos como "fosfosoda" o "solución evacuante", en forma de botes pequeños o una serie de sobres que hay que tomar con bastante líquido, lo que va a hacer que el paciente obre numerosas veces y de esa manera el colon estén en optimas condiciones de preparación. Pero no solamente la preparación para la colonoscopia es la ingesta de este tipo de preparados, sino es la realización de una dieta especial, que deben realizar los pacientes durante al menos dos días antes de la prueba. Esta dieta se basará en agua, caldos sin residuos, yogurt, natillas, zumos sin pulpa, etc., así como un ayuno de 6 horas antes de la prueba. Lo del ayuno es para evitar que los pacientes puedan realizar una aspiración en caso de síndrome emético en caso de presentar cuadro vagal durante la exploración.

Debemos asegurarnos que no hayan tomado antiinflamatorios la semana antes de la prueba, para permitir que si durante la exploración el paciente presenta alguna lesión polipoidea que haya que resecar se pueda someter al paciente a esta terapéutica sin problemas. Y si está anticoagulado y viene para una polipectomia nos ajustemos a la pauta de heparina de bajo peso molecular que estuvimos explicando en el capítulo anterior.

Es fundamental, casi más que en la endoscopia oral, el hecho de que el paciente se encuentre monitorizado, ya que cuando la exploración resulta dolorosa en determinados momentos el paciente puede ponerse "vagal", presentando una bradicardia severa, que de no tener monitor no podríamos advertirla. En caso de producirse ésta, tendremos que valorar la posibilidad de suspender la exploración ahí o la de poner una atropina intravenosa para ver si remonta la frecuencia cardiaca. También a consecuencia del dolor o bien por el efecto de la sedación se puede producir una desaturación de oxígeno, hecho que también podemos advertirlo con el monitor, que en todo momento controlará la enfermería. De esa manera se decidirá si el paciente es candidato durante la exploración a ser sometido a oxigenoterapia.

La dosis de premedicación que solemos utilizar para la colonoscopia es mayor que la que empleamos para la oral. Generalmente la dosis de Midazolam que se emplea suele ser de 5 miligramos intravenosos o bien según el peso del paciente y valorando si se trata de un nefrópata o presenta patología pulmonar. Debemos tener siempre preparado el Flumazenilo intravenoso por si el paciente presentara una desaturación producida por la premedicación.

Hay dos problemas que tenemos que ser consciente que nos pueden condicionar la exploración y que dependiendo de cómo controlemos estos aspectos la prueba podremos finalizarla o no. Por un lado la formación de bucles, es decir, la formación de angulaciones o giros del endoscopio sobre si mismo, producidos por nosotros al ir introduciendo progresivamente el endoscopio y que generan intenso dolor en el paciente si no los deshacemos, mermando su tolerancia a la exploración. Es por ello, que debemos intentar de rectificar el endoscopio cada vez que pasemos por angulaciones marcada y hacerlo de forma extremadamente despacio para que el colon se vaya haciendo al endoscopio en su avance. Si el bucle no se deshace, probablemente durante la mitad de la exploración el paciente no la tolerará y además no quedaremos sin tubo, al estar éste con numerosas angulaciones que nos impedirán el avance el endoscopio. Para deshacer estos bucles podemos hacer uso de cambios posturales del paciente.

Otro aspecto importante a cuidar, es la de limitar al máximo la cantidad de aire insuflado en el colon. De esa manera, la tolerancia a la prueba por parte del paciente será mayor. En algunos casos, podemos sugerir al paciente que si puede, elimine el aire intestinal a través del ano, algo que en algunos casos será posible y en otros no, aliviándole. Si cuidamos estos dos aspectos las posibilidades de terminar la prueba serán altas.

Las zonas más complicadas y que hay que pasar con esmero, generando habitualmente mayor estrés en el endoscopista, lo constituyen el paso del endoscopio por el sigma y posteriormente por el ángulo esplénico del colon. Tenemos que tener especial cuidado cuando veamos que el paciente presenta divertículos de boca ancha en sigma. Esta zona caracterizada de angulaciones marcadas, en la que además existen en determinados paciente estos orificios diverticulares pueden "llevarte al engaño", al pensar que la verdadera luz colónica es uno de estos divertículos. Es, por tanto, un momento en el que el endoscopista tiene que tener mucho cuidado, siendo una zona de alto riesgo, pues la posibilidad de perforar es realmente alta, y más con la necesidad imperiosa de insuflación mantenida para indagar el posible paso por la verdadera luz colónica. De ahí, que tengáis que esmeraros a la hora de pasar por esta zona.

La hemorragia digestiva baja se manifiesta por distintas causas: desde divertículos, angiodisplasias (éstas ultimas localizadas normalmente en fondo de saco cecal e ileon terminal, aunque a veces se encuentran localizadas a lo largo de todo intestino delgado), neoplasias colónicas o grandes pólipo ulcerados, colitis isquémica, enfermedad inflamatoria intestinal, etc. El tratamiento de la angiodisplasia como se comentó en el capítulo anterior se realizará con argon plasma coagulación y si existen divertículos o úlceras sangrantes emplearemos las agujas de esclerosis y/o clip hemostático. Cuando la terapeútica endoscópica fracase, el paciente tendrá que ser valorado quirúrgicamente.

Por otra parte, la polipectomia endoscópica prácticamente no tiene matices diferenciadores respecto a los aspectos que os comenté respecto a esta misma técnica terapéutica cuando la realizamos en el tracto digestivo superior. Lo único que añadiría es que cuando tenemos pólipos colónicos con pedículos gruesos, antes de realizar la polipectomia con asa, se pueden utilizar tres técnicas para evitar una posible hemorragia digestiva baja si es que ese pedículo cuenta con un vaso, que es lo que solemos definir como polipectomia asistida. Uno de ellos es inyectar en la base del pedículo un par de centímetros cúbicos de adrenalina al 1:10000, para que no sangre al resecar el pólipo. Otras veces podemos emplear el endoloop, que es como una especie de lazo que si tiene un pedículo vascular lo va a comprimir. Y una tercera es la de colocar en ambos bordes del pediculo un clip hemostático.

Otro problema añadido que nos podemos encontrar cuando acabemos de realizar varias polipectomias en colon derecho, especialmente, cuando el tamaño medio de los pólipos es superior al del canal de trabajo del endoscopio o han sido resecados con asa..¿Qué hacemos en ese caso que tenemos allí varios pólipos que recuperar?. ¿Cuáles dejamos y cuáles nos llevamos?, ya que hay que retirar el endoscopio para poder extraerlo. En ese caso lo recomendable es recoger el pólipo de mayor tamaño o juntar lo más grandes y con una pinza de agarre, coger los que se pueda y retirar el endoscopio. Aún no se han inventado ningún sistema en forma de "bolsita", donde pudiéramos recoger todos los pólipos que hayamos quitado en colon derecho. Los pólipos resecados en colon izquierdo no hay problema pues los sacas con el endoscopio y si quieres puedes llegar de nuevo a la zona donde lo cortaste sin problemas, entrando de nuevo con el colonoscopio. Es recomendable que hagáis una colonoscopia completa siempre que veáis pólipos en algún segmento colónico, pues si existe en colon izquierdo un pólipo, quien te dice que no lo hay en el derecho, incluso la posibilidad de una neoplasia, a pesar de que inicialmente os solicitaran una rectosigmoidoscopia o colonoscopia izquierda exclusivamente.

La ileoscopia es otra técnica que debéis dominar, pues os va a permitir valorar ileon distal en paciente con sospecha de enfermedad de Crohn, así como descartar la posibilidad a este nivel de la presencia de angiodisplasias, que incluso se podrían tratar con APC. También da mucha información en las hemorragias digestivas de origen desconocido, ya que si no hemos visualizado ninguna lesión responsable potencialmente del sangrado, podremos saber si viene sangre de tramos más proximales y si es de color rojo o más oscura, para intuir la proximidad mayor o menor al colon. Para su realización lo que debéis es situar la punta del endoscopio a nivel de la válvula ileocecal. Os apoyáis en ella y girando el mando de forma sutil, intentáis conforme sacáis lentamente el endoscopio separar los labios de la misma. Hay que tener mucha prudencia para conseguirlo y las primeras veces no os saldrá. No os preocupéis, es normal. Nos ha ocurrido a todos. El tiempo y la experiencia os harán más diestro para esta exploración.

<u>REFERENCIAS BIBLIOGRÁFICAS</u>

Cotton PB, William CB: Practical Gastrointestinal Endoscopy. Oxford, Blackwell Scientific Publications, 1982.

www.ingramcontent.com/pod-product-compliance
Lightning Source LLC
Chambersburg PA
CBHW022108170526
45157CB00004B/1539